新达内·零基础玩转DeepSeek

零基础玩转
DeepSeek
秒懂职场办公

张韶维 总策划
曾晔 编著

中国水利水电出版社
www.waterpub.com.cn
·北京·

内 容 提 要

本书是一本面向数字时代职场人的 DeepSeek 实战指南，以生成式 AI 技术浪潮为背景，聚焦于 DeepSeek 大模型在职场中的实践操作，全面展示了如何使用 AI 技术重构现代办公范式。

全书围绕以下四个方面展开：一是"认知重构"，深入解析从专家系统到生成式 AI 的技术演进过程，揭秘 DeepSeek 五大核心能力的技术突破；二是"效率革命"，涵盖文档、表格、PPT 智能创作，会议管理和跨语言邮件写作等高频场景，提供"提问即服务"（AaaS）全攻略；三是"场景赋能"，结合上百个示例和职业化场景，深入市场营销、人力资源等垂直领域，打造智能营销策略生成、企业 AI 智能体等专业解决方案；四是"安全护航"，构建法律合规审查、数据隐私保护、操作审计追踪三重防线，破解 AI 落地的合规难题。

本书能够帮助职场新人、企业管理者、专业人员、教育者、开发者和创业者提升 AI 办公技能，实现智能化转型。

图书在版编目（CIP）数据

零基础玩转 DeepSeek. 秒懂职场办公 / 曾晔编著.
北京：中国水利水电出版社, 2025.5. -- ISBN 978-7-5226-3400-5

Ⅰ. TP18；C931.4-39

中国国家版本馆 CIP 数据核字第 2025NG0340 号

书　　名	零基础玩转 DeepSeek：　秒懂职场办公 LINGJICHU WANZHUAN DeepSeek：MIAODONG ZHICHANG BANGONG
作　　者	曾晔　编著
出版发行	中国水利水电出版社 （北京市海淀区玉渊潭南路 1 号 D 座　100038） 网址：www.waterpub.com.cn E-mail：zhiboshangshu@163.com 电话：（010）62572966-2205/2266/2201（营销中心）
经　　售	北京科水图书销售有限公司 电话：（010）68545874、63202643 全国各地新华书店和相关出版物销售网点
排　　版	北京智博尚书文化传媒有限公司
印　　刷	河北文福旺印刷有限公司
规　　格	170mm×240mm　16 开本　13.25 印张　208 千字
版　　次	2025 年 5 月第 1 版　2025 年 5 月第 1 次印刷
印　　数	0001—8000 册
定　　价	59.80 元

凡购买我社图书，如有缺页、倒页、脱页的，本社营销中心负责调换

版权所有·侵权必究

序言 PREFACE

在数字经济与人工智能（artificial intelligence，AI）深度融合的时代背景下，职场正在经历一场静悄悄的革命。生成式AI以前所未有的速度重塑工作范式，传统的人才培养体系面临着严峻挑战：如何让教育供给跟上技术迭代的步伐？如何帮助学习者跨越"工具使用"与"思维重构"的认知鸿沟？《零基础玩转DeepSeek：秒懂职场办公》一书恰如一把精准的手术刀，切开了当前职场教育中"技术焦虑"与"能力断层"的症结，为职业教育发展提供了极具价值的实践样本。

作为深耕成人教育领域多年的教育工作者，我始终认为：真正的教育赋能在于培养学习者"与技术共舞"的底层能力。这本书突破了传统技术手册的局限，将AI工具的应用升维到"职场思维革命"的高度。书中提出的"提问即服务（AaaS）"理念，本质上是在重构人与技术的协作范式，实现从被动接受技术赋能到主动驾驭技术逻辑的转变。这种认知破壁的过程，契合了建构主义学习理论的核心要义，即学习者通过与技术的深度互动，在解决真实职场问题中构建新的知识体系。值得肯定的是，作者未停留在技术操作表层，而是深入剖析"如何通过提示工程引导AI产出优质成果""怎样建立AI结果的校验机制"等底层逻辑，这正是培养"AI思维"的关键环节。

教育本质是解决"知行合一"的问题。这本书以18个高频办公场景为脉络，构建了"问题描述—提示词设计—结果优化—系统集成"的完整闭环，这种"在游泳中学会游泳"的方法论，完美契合了成人学习的认知规律。这种"场景穿透"的能力，使技术应用不再是零散的工具拼接，而是融入工作流程的有机整体，为"产教融合"提供了可复制的范本。

书中展现的"实验性学习精神"令人振奋。作者通过"AI 职场实验",将失败案例与成功经验同等呈现,这种开放的学习心态正是教育者应当传递给学生的重要品质。在 AI 时代,知识的半衰期越来越短,唯有保持持续探索的好奇心与试错勇气,才能在技术浪潮中站稳脚跟。书中大量的提示词模板与场景化工具包,既是现成的"职场武器",又是引导学习者掌握"如何自主开发 AI 工具使用方案"的"思维脚手架"。

站在高等教育与职业发展的交汇点上,我们清醒地认识到:未来的职场竞争力不在于掌握多少具体技术,而在于能否快速建立与新技术的协作模式。本书的价值在于它搭建了一座连接"技术工具"与"人类智慧"的桥梁,使非技术背景的职场人能够打破技术壁垒,让技术应用回归解决真实问题的本质。对于高校继续教育而言,本书既是优质的教学参考资料,又是一面镜子,映照出我们在培养"AI 时代新型人才"上的努力方向。

我衷心推荐这本书给所有正在经历职场转型的学习者,无论你是高校学生、企业管理者,还是渴望提升竞争力的职场人士,书中的方法论都能为你打开一扇窗,让你看见 AI 技术如何从"冰冷的工具"转化为"赋能创新的伙伴"。更重要的是,它将教会你一种面向未来的学习方式:在实践中探索,在探索中重构,在重构中实现人与技术的共同进化。这正是教育在 AI 时代的终极使命。

陈灵

西安交通大学继续教育学院副院长

前言 PREFACE

在数字化转型的浪潮中,职场效率的竞争已从体力比拼转向"智能较量"。无论是处理海量邮件、协调跨部门项目,还是撰写报告、管理工作日程,传统办公方式正面临着巨大挑战:重复性工作吞噬了创造力,复杂的工具拖慢了执行速度,多数人花费大量时间在"工具操作"上,而非"价值创造"上。

然而,随着这本书的出现,这一切将开始改变。这本书的使命是带领你跨越"工具奴役"阶段,直接进入"AI 赋能"的职场自由态。我们将以 DeepSeek 为核心,重新定义高效办公的新范式。

为什么选择 DeepSeek?

传统办公软件(如 Outlook、Excel、PPT)需要花费大量时间学习,而学习 DeepSeek 可通过以下三大突破让你的职场办公效率实现飞跃。

- **自然语言交互**:只需说"整理上周会议要点,标出待办事项并分配责任人",AI 即可自动生成结构化纪要。
- **跨工具联动**:衔接 WPS 文档/演示/表格、微信等工具,能够将散落在各处的需求整合为可执行的任务流。
- **场景化智能体**:定制智能财务助手、智能行政助手等,借助 AI 打造企业专属智能体,一键调用更贴切的 AI 专业能力。

本书能为你带来什么?

无论你是职场新人还是资深管理者,本书都将为你提供从生存到进阶的全套解决方案。

- **新手救急包**:5 分钟生成领导满意的周报;使用 AI 自动回复"收到,正在处理"等此类邮件。
- **效率跃迁术**:让 AI 监控项目风险,提前预警资源冲突;一键将混乱的

Excel 数据转化为决策图表。

● **管理者武器库**：使用 AI 分析团队沟通记录，识别协作瓶颈；结合 WPS 演示自动生成部门季度战略 PPT。

本书结构

本书内容分为 4 个部分，涵盖从基础概念到实战应用的完整学习路径。

● **AI 带来的职场办公革命**：包括 AI 赋能职场办公、AI 重塑办公方式和快速搭建 AI 工作台。

● **AI 增持的核心办公技能**：包括高效提问与文本生成技巧和 AI 智能文档创作。

● **AI 在职业场景中的应用**：包括通用业务场景和专用业务场景。

● **AI 对法律合规和安全的护航**：包括法律合规智能防线和安全与隐私保护。

本书特色

● **丰富的职场案例**：涵盖互联网、金融、制造业等行业的 52 个场景，如"如何用 AI 在 30 分钟内完成竞品分析报告"等。

● **实用的防坑指南**：标注常见误区，讲述 AI 方法，如"为什么直接让 AI'优化这份文档'会得到无用结果"等。

● **动态学习支持**：DeepSeek 的实时反馈和交互式学习功能，让你在实践中不断提升。

用 AI 重塑生产力，开启智能办公新时代

当我第一次看到团队里的年轻同事使用 DeepSeek 在 3 分钟内生成一份竞品分析报告时，那种震撼感至今难忘。不是因为他操作有多熟练，而是他突然抬头问我："原来我们之前浪费了这么多时间？"DeepSeek 的强大之处在于，它不仅仅是一个工具。

现在，轮到你来体验这种变革了。翻开这本书，从明天早上的第一封邮件、第一场会议、第一份报表开始，就让 AI 为你打头阵。当别人还在争论"AI 会不会取代人类"时，早一步掌握它的人，已经在改写游戏规则了。

目录 CONTENTS

第 1 篇　AI 带来的职场办公革命

第 1 章　AI 赋能职场办公

1.1　职场办公的价值与挑战 ··· 002

    1.1.1　职场办公的核心价值 ··· 002

    1.1.2　当前职场办公面临的挑战 ·· 003

1.2　AI 职场办公的学习路径 ·· 005

练习题 ·· 006

第 2 章　AI 重塑办公方式

2.1　AI 技术演进与大模型对比 ·· 007

    2.1.1　从专家系统到生成式 AI 的演进 ···································· 007

    2.1.2　主流的 AI 大模型平台 ·· 008

    2.1.3　DeepSeek 在 AI 发展史中的技术定位 ··························· 009

2.2　DeepSeek 的五大核心能力 ·· 009

    2.2.1　自然语言理解 / 生成 ·· 009

    2.2.2　多模态数据处理 ··· 010

    2.2.3　复杂任务拆解 ·· 011

2.2.4	持续学习	013
2.2.5	企业级安全架构	014

2.3 AI 对职场办公的影响 015

2.3.1	人机协同的 4 种模式	015
2.3.2	AI 对文档、演示、表格、会议、沟通的影响	016
2.3.3	案例：某咨询公司应用 AI 后效率提升 "60%+"	018

练习题 021

第 3 章　快速搭建 AI 工作台

3.1 网页版和 App 版全解析 022

3.1.1	网页版访问入口	022
3.1.2	账号注册及登录	023
3.1.3	手机版安装	024

3.2 控制台的必知模块 026

3.2.1	对话模式选择	026
3.2.2	历史对话管理	029
3.2.3	附件处理	031

3.3 DeepSeek 大模型的本地化部署 032

3.3.1	Office AI + Ollama	033
3.3.2	WPS 使用本地化 DeepSeek	035
3.3.3	WPS 灵犀智能办公助手	037

练习题 039

第 2 篇　AI 增持的核心办公技能

第 4 章　高效提问与文本生成技巧

4.1 向 AI 提问的黄金法则 042

4.1.1	结构化提问（5W1H）	042

目录

  4.1.2 角色—场景—任务法 ································ 044
  4.1.3 风格切换 ······································· 046
  4.1.4 模拟教师设计课程大纲 ··························· 049
 4.2 基础指令库 ··· 051
  4.2.1 检查、总结：文档分析及生成摘要 ················· 051
  4.2.2 简写、扩写、续写、仿写：文字创作随心所欲 ······· 053
  4.2.3 步骤、示例：保姆级答疑解惑 ····················· 056
 4.3 短文案创作技巧 ····································· 057
  4.3.1 标题党生成器 ··································· 058
  4.3.2 朋友圈九宫格文案设计 ··························· 059
 4.4 长文档结构化写作 ··································· 060
  4.4.1 商业计划书 ····································· 060
  4.4.2 技术白皮书 ····································· 062
练习题 ··· 065

第 5 章　AI 智能文档创作

 5.1 AI + 文档创作 ······································ 066
  5.1.1 小红书、公众号、微博 ··························· 066
  5.1.2 工作汇报、工作计划、发言稿、群发公告 ··········· 069
  5.1.3 智能排版、全文总结 ····························· 072
  5.1.4 AI 图片生成 ···································· 074
 5.2 AI + PPT 智能生成 ·································· 080
  5.2.1 一句话生成 PPT ································· 080
  5.2.2 智能配图及图标调用 ····························· 083
  5.2.3 为图片配文案 ··································· 084
  5.2.4 文档生成 PPT、大纲生成 PPT ····················· 086
 5.3 AI + 表格助手 ······································ 089
  5.3.1 AI 快速建表 ···································· 089
  5.3.2 AI 写公式、条件格式 ···························· 091

5.3.2 AI 数据分析 ·· 092

练习题 ··· 094

第 3 篇　AI 在职业场景中的应用

第 6 章　通用业务场景

6.1　会议管理 ··· 097

　　6.1.1　DeepSeek 生成会议议程 ··· 097

　　6.1.2　DeepSeek 编写会议通知 ··· 098

　　6.1.3　DeepSeek 整理会议纪要 ··· 100

6.2　智能邮件写作 ··· 102

　　6.2.1　商务邀请函邮件 ··· 102

　　6.2.2　表彰信邮件 ·· 104

　　6.2.3　邮件一键转英文 ··· 105

6.3　项目管理 ··· 106

　　6.3.1　项目计划与任务分解 ··· 106

　　6.3.2　资源分配优化 ·· 109

　　6.3.3　进度跟踪与风险评估 ··· 112

　　6.3.4　项目文档的自动化 ··· 115

练习题 ··· 119

第 7 章　专有业务场景

7.1　市场营销 ··· 121

　　7.1.1　消费人群分析 ·· 121

　　7.1.2　竞品分析 ··· 124

　　7.1.3　渠道 ROI 预测 ·· 127

　　7.1.4　营销自动化 ·· 131

7.2　人力资源 ··· 133

7.2.1	简历筛选及人岗匹配	134
7.2.2	AI 模拟面试官	136
7.2.3	员工个性化培训推荐	137
7.2.4	离职风险预测	141

7.3 企业 AI 助手 … 144

7.3.1	企业专属 AI 小助手	144
7.3.2	智能体的应用	146

练习题 … 150

第 4 篇　AI 对法律合规和安全的护航

第 8 章　法律合规智能防线

8.1 合同审查 … 153

8.1.1	风险条款自动标红	153
8.1.2	履约关键点提醒	157

8.2 合同知识库建设 … 160

8.2.1	法律法规自动更新追踪	161
8.2.2	行业监管要点速查	162

8.3 行为合规监测 … 164

8.3.1	企业内通信分析	165
8.3.2	诉讼风险预测与应对	167

练习题 … 169

第 9 章　安全与隐私保护

9.1 数据安全机制 … 171

9.1.1	敏感信息自动加密	171
9.1.2	文档权限智能分级	176

9.2　操作审计跟踪 ·· 181
　　9.2.1　异常操作预警 ·· 181
　　9.2.2　攻击溯源分析 ·· 185
9.3　隐私合规方案 ·· 190
　　9.3.1　GDPR 法规自动适配 ·· 190
　　9.3.2　个人信息模糊处理 ·· 195
练习题 ··· 198

后记　AI 与职场办公的未来展望 ·· 199

第1篇
AI带来的职场办公革命

第 1 章　AI 赋能职场办公

> **本章目标：**
> - 理解现代职场办公的价值与挑战。
> - 熟悉 AI 职场办公对不同人群的融合方式。
> - 了解 AI 职场办公的学习路径。

1.1　职场办公的价值与挑战

在瞬息万变的商业环境中，职场办公不仅是个人能力的试金石，更是企业发展的核心驱动力。高效的办公方式能提升团队协作效率、优化决策流程、创造更大价值。但与此同时，信息过载、沟通壁垒、效率瓶颈等问题也在时刻考验着每一个职场人。

1.1.1　职场办公的核心价值

职场办公是企业运营和个人职业发展的核心环节，承载着提升效率、创造价值的重要使命。

对企业而言，高效的办公流程能够显著提升整体的运营效率，优化资源配置，从而在激烈的市场竞争中占据优势。在数字化转型的浪潮下，许多企业都在积极寻求更智能的办公工具、更优化的协作方式，以及能够驾驭这些工具的高效人才。从自动化流程到数据驱动决策，现代办公技术正在重塑企业的运作模式，推动组织向更敏捷、更创新的方向发展。

对个人而言，掌握高效的办公技能不仅能够提升工作效率，更能增强职业竞争力，为职业发展创造更多可能性。在 AI 与数字化工具快速普及的今天，那些能够熟练运用新技术、优化工作流程的职场人，往往能脱颖而出，成为团队中的关键角色。持续学习高效的办公方法和工具，不仅能提升个人生产力，更能拓展职业边界，实现更大的职业价值。

1.1.2 当前职场办公面临的挑战

尽管职场办公的重要性不言而喻，但在实际工作中，我们却常常面临诸多挑战。这些挑战不仅降低了工作效率，还影响了企业的整体运营效率和员工的职业发展。以下是当前职场办公中最为突出的几大挑战。

1. 重复性工作过多

在日常办公中，大量时间被耗费在低价值的重复性任务上，如数据录入、文档整理、表格填写等。这些任务虽然简单，却占据了员工大量的时间和精力。根据一项调查，普通白领每周平均花费超过 10 小时处理此类任务。这不仅降低了员工的工作满意度，还限制了他们在高价值任务上的投入，影响了整体工作效率。

案例：某企业的财务部门每个月需要手动录入上千条交易数据，耗时长达数天，且容易因人为错误导致数据不准确。这种低效的工作方式不仅增加了人力成本，还影响了财务报告的及时性。

2. 信息过载

在信息爆炸的时代，员工每天需要处理海量的邮件、报告、数据和其他信息。然而，信息的快速积累使筛选和整合变得非常困难。很多员工在面对大量信息时感到无所适从，难以快速找到关键内容，导致决策效率低下。

案例：某市场部门的员工每天需要阅读数十份市场分析报告，但由于信息量过大，往往无法及时提取出有价值的内容，导致市场策略的制定滞后，错失商机。

3. 沟通效率低下

跨部门、跨团队的沟通是职场办公中不可避免的环节，但沟通效率低下却成为了普遍问题。由于不同部门的工作流程、工具和沟通习惯不同，信息传递往往不畅，导致误解、延误甚至冲突。此外，过多的会议和冗长的邮件往来也进一步加剧了沟通成本。

案例：某科技公司在开发新产品时，研发部门与市场部门因沟通不畅，导致产品功能与市场需求严重脱节，最终产品上市后反响平平，给公司带来的损失惨重。

4. 跨部门协作困难

在现代企业中，跨部门协作变得越来越普遍，但不同部门之间的工作流程和工具不统一，导致协作效率低下。例如，财务部门使用的工具与市场部门使用的工具不兼容，数据无法直接共享，需要手动转换和整理，这不仅增加了工作量，还容易引发错误。

案例：某零售企业在进行年度预算编制时，由于财务部门与销售部门使用的系统不兼容，数据需要多次手动导入/导出，导致预算编制周期延长了整整一个月。

5. 工具分散，操作复杂

很多企业在办公中使用多种工具和平台，如文档编辑、表格处理、项目管理、沟通工具等。这些工具虽然功能强大，但由于分散且操作复杂，员工需要花费大量时间学习和切换工具，降低了工作效率。

案例：某广告公司的设计师需要同时使用设计软件、项目管理工具和沟通平台，但是由于工具之间的切换和操作比较复杂，平时在工作中耽误了较多的时间，从而导致项目进度延迟，客户满意度下降。

6. 数据安全与隐私风险

随着数字化办公程度的提高，数据安全和隐私保护成了企业面临的重要挑战。员工在处理敏感信息时，可能因操作不当或工具不安全而导致数据泄露，从而给企业带来巨大的法律和财务风险。

案例：某金融机构的员工在处理客户数据时，因操作不当未使用加密工具，导致数据泄露，公司不仅面临巨额罚款，还失去了客户的信任。

以上谈到的当前职场办公中的这些挑战不仅影响了企业的运营效率，也限制了员工个人的职业发展。然而，随着AI技术的引入，这些问题都有望得到根本性解决。AI可以通过自动化处理重复性任务、智能筛选信息、优化沟通流程、统一协作工具等方式，帮助企业和员工突破现有瓶颈，开启高效办公的新时代。

1.2 AI 职场办公的学习路径

在数字化浪潮席卷全球的当下，AI 已不再是遥不可及的工具，而是职场中不可或缺的高效伙伴。无论是自动化处理重复任务、智能分析海量数据，还是辅助决策、优化流程，AI 技术正在重新定义职场办公的边界。

然而，面对快速迭代的工具和复杂的应用场景，许多人可能感到迷茫：如何系统学习 AI 职场技能？如何将 AI 真正转化为个人和团队的生产力？

1. 学习路径规划

设计"AI 职场办公的学习路径"的初衷——提供一条清晰、实用的成长路线，从基础工具操作到高阶场景应用，一步步解锁 AI 赋能职场办公的潜能。无论你是希望提升效率的职场新人，还是致力于推动团队数字化转型的管理者，这里都将是你探索 AI 价值的起点。

（1）初级阶段的目标和内容如下。

- 目标：了解 AI 的基础概念，掌握 AI 工具的基本操作。
- 内容：学习 AI 的基本原理，熟悉主流 AI 平台（如 DeepSeek）的使用方法。

（2）中级阶段的目标和内容如下。

- 目标：深入学习 AI 在文档、表格、PPT 等办公场景中的应用。
- 内容：掌握 AI 辅助文档创作、数据分析、PPT 生成等技能。

（3）高级阶段的目标和内容如下。

- 目标：掌握 AI 在项目管理、市场营销、人力资源等专业领域的应用。
- 内容：学习 AI 在复杂业务场景中的实际应用，如智能会议管理、精准营销策略等。

2. 本书阅读预期与收获

通过本书的学习，读者将掌握 AI 在职场办公中的核心应用，成为 AI 办公的先行者。具体收获包括：

- 熟练使用 AI 工具提升办公效率。
- 掌握 AI 在文档、表格、PPT 等场景中的高级应用。
- 了解 AI 在项目管理、市场营销等专业领域的实际应用。

▶ 具备 AI 办公的安全与合规意识，确保数据安全与隐私保护。

AI 办公革命已经到来，职场人亟需把握这一机遇，熟练掌握 AI 办公技能，成为职场中的 AI 达人。通过本书的学习，你将不仅提升工作效率，还能在职业发展中占据先机。让我们一起，拥抱 AI，赋能职场，开启智能办公的新篇章！

练习题

1. 企业高效办公流程的核心价值主要体现在（　　）方面。

　　A. 降低员工工资成本　　　　B. 提升整体运营效率，优化资源配置

　　C. 减少企业办公场地面积　　D. 增加员工娱乐时间

2. 某企业财务部门每月手动录入上千条交易数据，耗时长且易出错，这反映了职场办公中的（　　）痛点。

　　A. 信息过载　　　　　　　　B. 重复性工作过多

　　C. 数据安全与隐私风险　　　D. 跨部门协作困难

3. 在 AI 职场办公的初级阶段，学习目标的核心是（　　）。

　　A. 掌握复杂业务场景的 AI 决策模型

　　B. 了解 AI 基础概念和主流工具的基本操作

　　C. 独立开发 AI 办公工具

　　D. 优化跨部门协作流程

4. 某金融机构员工因未使用加密工具而导致客户数据泄露，这一问题主要关联的痛点是（　　）。

　　A. 信息过载　　　　　　　　B. 沟通效率低下

　　C. 数据安全与隐私风险　　　D. 工具分散，操作复杂

5. AI 职场办公高级阶段的学习内容可能包括（　　）。

　　A. 使用 AI 生成 PPT 模板　　B. 智能会议管理与精准营销策略

　　C. 学习基础文档编辑工具　　D. 手动整理表格数据

参考答案：

1. B　　2. B　　3. B　　4. C　　5. B

第 2 章　AI 重塑办公方式

> **本章目标：**
> - 熟悉 AI 的工作模式，了解主流的 AI 大模型平台。
> - 理解 DeepSeek 的特点与核心能力。
> - 感受 AI 带来的工作流智能化、工作效率提升。

2.1　AI 技术演进与大模型对比

2.1.1　从专家系统到生成式 AI 的演进

近年来，AI 技术飞速发展，在全世界掀起了一场新的科技革命，正在不断重塑人们的工作方式。从 20 世纪 80 年代的专家系统，到 2010 年以来的机器学习，到 2020 年以来的生成式 AI，AI 也经历了不同的变革，如图 2.1 所示。

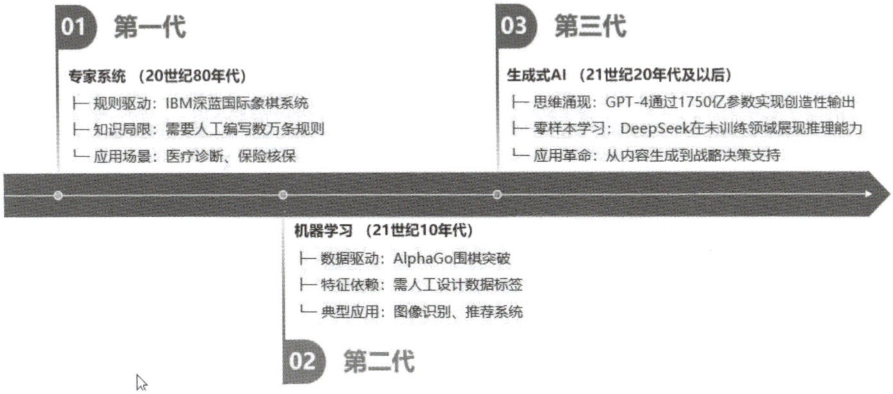

01 第一代
专家系统（20世纪80年代）
- 规则驱动：IBM深蓝国际象棋系统
- 知识局限：需要人工编写数万条规则
- 应用场景：医疗诊断、保险核保

03 第三代
生成式AI（21世纪20年代及以后）
- 思维涌现：GPT-4通过1750亿参数实现创造性输出
- 零样本学习：DeepSeek在未训练领域展现推理能力
- 应用革命：从内容生成到战略决策支持

02 第二代
机器学习（21世纪10年代）
- 数据驱动：AlphaGo围棋突破
- 特征依赖：需人工设计数据标签
- 典型应用：图像识别、推荐系统

图 2.1　AI 工作方式演进

其中，生成式 AI 更是广受追捧，因为它给我们带来了脑力的节省、工作效率的提升。以往耗费几天甚至数月的工作，现在却只需短短几个小时、几分钟甚至几秒。而国产的 DeepSeek 更是成为众多 AI 大模型平台中的佼佼者。

2.1.2　主流的 AI 大模型平台

市面上的大模型平台五花八门，包括美国的 GPT-4（generative pre-trained transformer 4，生成式预训练转换器），还有国内字节跳动的豆包、百度的文心一言、阿里的通义千问、腾讯的混元，以及深度求索的 DeepSeek。各个平台的长文本处理能力、推理成本也各不相同，详见表 2.1 所示。

表 2.1　主流的 AI 大模型平台的能力对比矩阵

模　　型	开发平台	参数量级	长文本处理能力	中文场景优化	推　理　成　本
GPT-4	OpenAI	1.8 万亿	32K tokens	★★★☆	0.06 美元 / 千词
豆包	字节跳动	120 亿（待确认）	16K tokens	★★★★	0.008 元 / 千词
文心一言	百度	2600 亿	8K tokens	★★★★★	0.03 元 / 千词
通义千问	阿里云	2000 亿 +	64K tokens	★★★★☆	0.025 元 / 千词
混元	腾讯	千亿	32K tokens	★★★★☆	0.028 元 / 千词
DeepSeek	深度求索	1.2 万亿	128K tokens	★★★★★	0.015 元 / 千词

注：

（1）参数量级数据来自各平台技术白皮书及第三方测试报告。

（2）推理成本的计算基于标准 API 调用价格（按百万 token 计费）。

（3）中文场景优化评分参考 superCLUE（中文通用大模型综合性测评基准）《中文大模型基准 2024 年度报告》。

（4）各项参数可能因具体任务类型、提示词工程水平产生波动，建议结合实测验证。

在参数量级方面，GPT-4 保持领先架构优势，但 DeepSeek 通过稀疏化技术实现更高性价比；国产模型中的通义千问、混元均达到千亿级参数规模；豆包作为轻量化模型，适合移动端部署场景。

在长文本处理能力方面，DeepSeek 的 128K 上下文窗口可处理约 10 万字文档（相当于一本商业书籍）；通义千问的 64K 能力适合法律合同等场景；GPT-4 的 32K 能力在英文场景中的表现更优。

在中文场景优化方面，文心一言内置百度搜索实时数据，在政务文书场景中的准确率达 96%；DeepSeek 支持中文思维链推理，在商业报告生成任务中逻辑连贯性评分达 92.3 分；混元集成微信生态数据，在社交语境理解上有独特优势。

在推理成本方面，DeepSeek 的单位成本仅为 GPT-4 的 1/20（按汇率折算）；豆包在简单问答场景中的成本优势明显，但复杂任务完成度受限；文心一言提供私有化部署方案，适合对数据安全要求高的政企客户。

2.1.3 DeepSeek 在 AI 发展史中的技术定位

作为第三代 AI 的典型代表，DeepSeek 采用"思维链"（chain-of-thought）技术，其创新的"知识蒸馏—强化学习—人类反馈"三阶段训练法，能够在保持模型轻量化的同时处理复杂任务，使模型具有低成、高性能的突出表现。

相较于 GPT-4 等追求极致参数规模的"暴力美学"路径，DeepSeek 将推理成本压缩至行业平均水平的 1/4 以下。这种"小而精"的技术路线，既继承了生成式 AI 的创造性优势，又克服了传统大模型的高耗能、低解释性缺陷，尤其在中文长文本处理（128K tokens，中文约 6.4 万字）和企业级安全架构领域建立技术壁垒，成为从"通用智能"向"垂直场景深度赋能"转型的标杆性解决方案。

2.2 DeepSeek 的五大核心能力

DeepSeek 的核心能力主要体现在以下 5 个方面：自然语言理解/生成、多模态数据处理、复杂任务拆解、持续学习、企业级安全架构。

2.2.1 自然语言理解/生成

DeepSeek 的自然语言理解/生成能力是指让 AI 看起来更像人类的基础能力，简单来说就是让计算机像人类一样听懂人话、说人话。下面举个生活中的例子来解释。

场景：订咖啡外卖

你和 DeepSeek 说："帮我订一杯冰美式，下午 3 点送到公司，不要加糖。"

DeepSeek 在处理这一任务时，理解和反馈均采用自然语言。

1. 自然语言理解（听懂人话）

意图识别：DeepSeek 会立刻明白你要"订咖啡"。

关键信息提取：

- 咖啡类型：冰美式。
- 时间：下午 3 点。
- 地址：公司（自动关联预设地址）。
- 特殊要求：不加糖。

隐藏逻辑判断：

- 确认你的公司地址是否在配送范围。
- 检查附近哪家店有冰美式且支持定制。

技术难点：

即使你把需求打乱说成"下午 3 点送到公司，不要加糖的冰美式来一杯"，它依然能准确抓取信息、准确理解你的真实意图。

2. 自然语言生成（说人话）

系统收到指令后，不会回复冷冰冰的代码，而是生成人类能理解的回答。

- 普通版。"已预订冰美式（无糖），预计 15:00 送达 ×× 大厦 A 座，支付方式：支付宝。"

- 进阶版。如果检测到今天是高温预警，可能追加提示："今天室外 38℃，骑手可能会稍晚 5 ~ 10 分钟，已为您优先安排配送。"

在与 DeepSeek 交流时，可以像与普通人对话一样自然地进行沟通，DeepSeek 能够理解这种自然的交流方式，这正是自然语言理解/生成这个核心能力的优势所在。基于这一核心能力，使得 DeepSeek 更加像"人类"，这种能力让 DeepSeek 不仅能做"问答机器"，更像一个会察言观色的智能助手，甚至能处理"帮我用鲁迅的写作风格写一封拒绝供应商涨价的邮件"这类复杂需求。

2.2.2 多模态数据处理

多模态数据处理能力是指 DeepSeek 综合处理多种不同的数据的能力，就是让 DeepSeek 像人类一样同时用眼睛看、耳朵听、嘴巴说，把文字、图片、视频、声音等不同类型的信息"串起来"理解并回应。下面举个生活中的例子来解释。

场景：差旅报销单整理

销售同事小张出差回来，需要整理报销材料，便上传了纸质发票照片和电子账单 PDF，要求 DeepSeek 整理，并输入"整理以上发票及行程数据，其中 1000 元餐饮发票为客户接待费用"。

以下是 DeepSeek 的处理过程。

1. 多模态信息整合

▶ 看照片：手机拍摄的发票照片［自动 OCR（optical character recognition，光学字符识别）识别金额、抬头］。

▶ 解析文本：邮箱里的电子行程单（PDF 解析）。

自动合并所有票据，按交通、住宿、餐饮分类。

2. 跨模态关联推理

▶ 发现一张 1000 元餐饮发票没有对应账单，关联备注确认是"客户接待"。

▶ 对比机票行程单和酒店发票日期，自动检查行程是否连贯。

DeepSeek 输出结果：

> 高亮异常票据，如"超标准住宿费"；标记需补材料，如"缺少客户接待审批单"。

3. 多模态生成教学方案

DeepSeek 输出结果：

> ■ 标准报销单（自动计算金额，填写事由、分类）。
>
> ■ 纠错提醒：
> （1）餐饮费超过人均标准（需补充说明）。
> （2）2025 年 3 月 5 日打车票未关联行程（根据文本备注应计入"客户接待"）。

这种能力让 DeepSeek 像一个会读心术的管家，无论是教做饭、修家电、改 PPT，都能"眼观六路，耳听八方"，把碎片信息拼成完整解决方案。下次遇到问题时，甚至不用组织语言，丢过去一团混杂的图片、语音、文字，它就能自动"抽丝剥茧"地抓住重点，这大大提高了 DeepSeek 的易用性。

2.2.3 复杂任务拆解

复杂任务拆解能力是指让 DeepSeek 像经验丰富的项目经理，把"一团乱麻"的大问题拆解成"一步步能落地"的小动作。例如，丢给 DeepSeek 一个模糊需求，它不会说"这题超纲了"，而是自动生成可操作的"待办清单"。下面举个生活中的例子来解释。

场景：接待重点客户旅行规划

你提出需求："接待重点客户家庭（2 位老人 +1 个小孩）去西安游玩 5 天，预算 1 万元，不要太累，孩子追求趣味性，老人讨厌排队。"

以下是 DeepSeek 的处理过程。

1. 需求解码

▶ 显性需求：西安 5 日游、1 万元预算。

▶ 隐性需求。体力分配：日均步行 ≤ 1 万步；冲突调和：孩子要玩（游乐场 / 互动项目）、老人要文化体验（古迹 / 慢节奏）；隐藏雷点：避开高温时段 + 排队超 30 分钟的场景。

2. 任务拆解金字塔

第一层：核心模块，如图 2.2 所示。

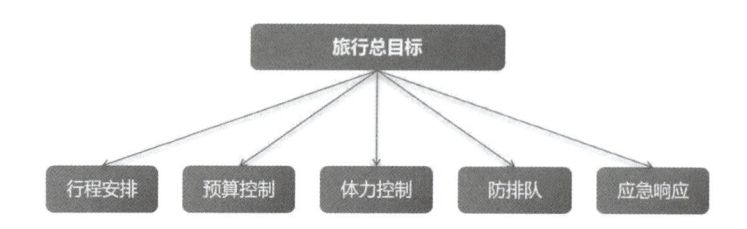

图 2.2　核心模块拆解

第二层：逐级细化（以"每日行程"为例），如图 2.3 所示。

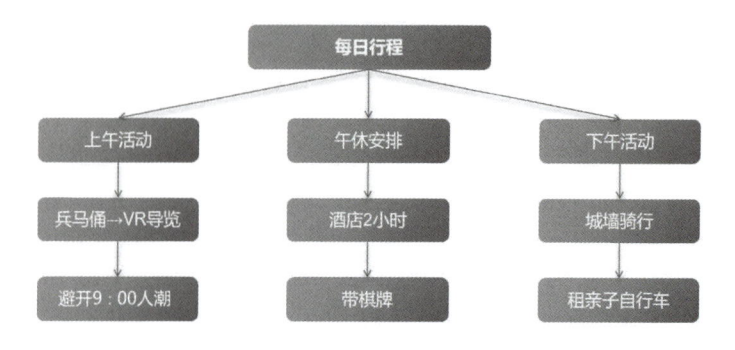

图 2.3　"每日行程"模块拆解

3. 动态平衡术

▶ 预算分配：监控机票价格波动（设定"降价 20% 自动提醒"）。

▶ 智能取舍：若陕西历史博物馆门票难抢，建议用"平价替代方案"，"放弃黄牛票，改去免费的小雁塔＋西安博物院，省下的 600 元加一场《长恨歌》演出"。

▶ 时间管理：在行程中插入"弹性空白时段"（如每日 15:00 — 16:00 自由活动）；根据实时天气调整：若遇高温，自动将户外活动替换为"陕西科技馆（空调＋亲子实验）"。

这种能力让 DeepSeek 像一个拥有超强脑回路的私人助理，无论是规划跨国旅行还是管理创业危机，它都能把"大象装进冰箱"的难题，拆解成"开门→装大象→关门"的具体步骤。

2.2.4 持续学习

持续学习能力是指让 DeepSeek 像一个会自动升级的学生，不仅能记住课本知识，还可以从每次对话、每次错误中偷偷"补笔记"，越用越聪明。下面举个生活中的例子来解释。

场景："越用越懂你"的智能秘书

第一周：基础适应

你第一次使用："下周一 9∶00 帮我预约可用的会议室。"

DeepSeek：准时预订，但选了离你工位最远的 305 室（默认按"先到先得"规则）。

第二周：细节优化

你皱眉反馈："305 室太远了，下次优先选择我工位隔壁的 207 室。"

它默默记下：用户偏好 207 室（附带"步行距离＜30 秒"的隐藏条件）。

第三周：主动预判

你补充："如果 207 室已被选择，提前告诉我，别临会前才通知。"

它立刻升级策略：自动监控 207 室预约情况，并在被抢订时推送备选方案。回复"208 室可用（距离 35 秒），或协调原预订人换房？"

半年后：职场读心术

某个常规项目日，你还没开口，它已经：

▶ 提前 15 分钟提醒："今日 10 点 A 项目复盘会（207 室已锁）。（附：上周你在此会议平均超时 12 分钟，建议压缩议程？）"

▶ 自动生成会议材料包（按你过往习惯：PPT 缩略图 +Excel 数据透视表 + 重点标记的 PDF 合同第三页）。

持续学习能力使 DeepSeek 能像人一样"长记性"，这种能力让 DeepSeek 不再是"出厂即定型"的工具，而是像养成系伙伴。你用它的每一分钟，都在帮它变得更懂你、更懂这个世界。就像小时候妈妈织毛衣，每织一针都让衣服更合身，而 DeepSeek 的"学习针脚"藏在每次对话的褶皱里。

2.2.5　企业级安全架构

DeepSeek 针对数据和信息的保护也非常重视，在企业级安全架构方面也相当出色。不仅防"外贼"黑客，还要防"内鬼"误操作，就算发生自然灾害，也不会丢失数据。DeepSeek 的数据存储采用物理隔绝的私有化部署方案，内容审查内置 2000+ 敏感词库及法律合规检查模块，审计追踪完整记录每个指令的操作者、时间戳及修改痕迹。下面举个生活中的例子来解释。

场景：某企业跨境电商支付保护

问题：每秒处理 10 万笔交易，须防信用卡盗刷、防内部贪污、防黑客改价。以下是 DeepSeek 的处理过程。

1. 价格防篡改锁

商品价格采用上链存储，修改时需要 3 个部门（采购 + 财务 + 法务）的密钥。若有人试图把 iPhone 标价 1 元，系统会进行以下操作：

▶ 自动锁死后台。

▶ 对比历史价格波动（异常降价 99.9% 触发熔断）。

2. AI 风控眼

检测到同一账号 1 分钟内在多地异常登录（如北京和纽约同时下单），系统会进行以下操作：

▶ 拦截交易。

▶ 发送人脸识别验证。

▶ 冻结关联的 5 个可疑账号。

这种架构让企业数据就像被特种部队＋AI法官＋建筑大师三重守护，既有铜墙铁壁的防御，又有智能应变的能力，甚至能做到"数据消失比被偷更难"。下次当员工想用微信传送客户资料时，DeepSeek会像贴身保镖一样提醒："您正在试图搬运金砖，建议使用装甲车（加密通道）。"

2.3 AI对职场办公的影响

2.3.1 人机协同的4种模式

关于AI大模型对人类的帮助，主要通过替代型、增强型、创新型和决策型这4种模式来理解，如图2.4所示。人机协同更重要的是看重AI的增强、创新、决策的能力，而不是简单地替代。

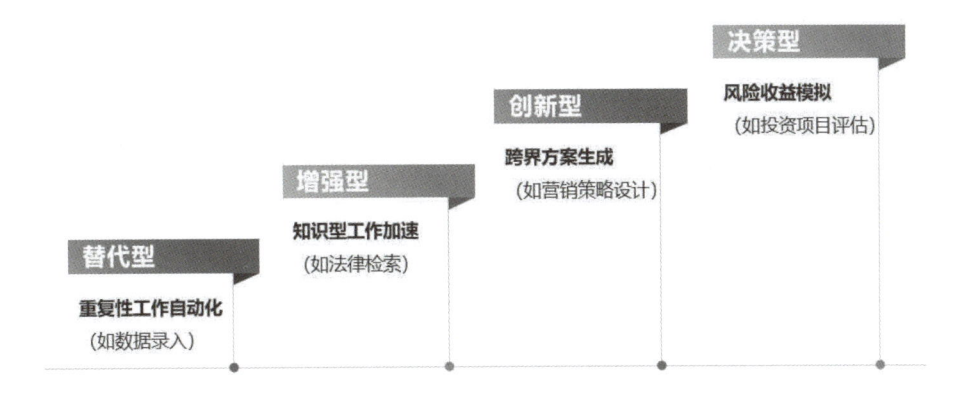

图2.4 人机协同的4种模式

在替代型的人机协同工作中，由AI接管了程式化的工作，如客服机器人可以处理70%的常见咨询（如银行账单查询），释放人力以处理复杂纠纷。在增强型的人机协同工作中，由AI完成一部分普通人类难以完成的任务，如医生使用AI影像辅助系统，可以使肺癌早期检出率提升40%；设计师借助AI生成百版初稿，创意筛选效率可以提高数十倍。

在创新型的人机协同工作中，AI可以发挥出强大的创新能力，如在生物医药领域，使用AI模拟16万种分子结构，可以将新药研发周期从5年缩短至18个月；在材料科学领域，利用AI预测可以找出十几种新型超导材料候选。

在决策型的人机协同工作中，基于 AI 生成的材料、报告、数据分析结果也正在成为有效决策的依据，如电网公司通过 AI 实时平衡 1400 万用户的用电需求，可以降低 15% 的能源浪费；基金经理运用 AI 分析亿级市场信号，使投资组合的抗波动性提升了 35%。

总而言之，AI 正在从工具进化为"智能同事"，既替代了人类的机械劳动，又延伸了人类的认知边界，在保留人类价值判断的基础上，重塑我们的生产力形态。

2.3.2 AI 对文档、演示、表格、会议、沟通的影响

正如 DeepSeek 一样，市面上的 AI 大模型凭借各自强大的核心能力，正在对我们的学习、工作、生活带来积极的影响。在职场办公领域，我们的工作方式、工作效率也面临着翻天覆地的变化。AI 大模型就如同植入办公流程的"脑机接口"，将信息处理耗时压缩 90%，让人能够更专注于核心价值创造。

1. 文档处理

在 AI 领域广泛用到一个词——AIGC（artificial intelligence generated content，人工智能生成内容）。通过提供一些相关术语、提示词，利用 AI 技术自动生成文字、图像、音频、视频、代码等内容，核心是通过深度学习模型学习和模仿人类创作规律，实现高效、批量的内容生产。目前，AIGC 在文档处理方面的表现尤其突出，如用 AI 写发言稿、写报告、写诗、写工作周报、写邮件、写技术白皮书等。其他的文生图、文生视频、文生代码也正在高速发展中，在不久的将来势必会给我们的生活带来更明显的改变。除此以外，AI 工具在智能校对与优化、多语言互译与本地化等方面，效率比人工操作要高得多，也大大节省了我们的时间。

2. 演示制作

目前利用 AI 工具已经可以轻松完成 PPT 内容、PPT 设计方面的自动化工作。WPS AI、ChatPPT、Kimi PPT 助手、AutoPPT 等工具层出不穷，只需提供一个标题、一个大纲、一个文件，这些工具就可以快速生成一份 PPT；只需上传一份市场数据表格，这些工具就能自动生成可视化图表+演讲备注。AI 工具还可以自动提炼 PPT 重点，也可以分析演讲视频，根据语速、停顿、手势，给出如"第 8 页讲解时眼神接触不足"等提示，还可以给出演讲姿势、

表情等专业性的指导建议。

3. 表格数据分析

在表格数据分析方面，AI 工具能协助人类完成预测建模，只需在销售表格中输入数据，AI 工具能自动预测下季度区域销量，并标注"华东区可能受雨季影响下降 12%"类似的信息。AI 能够识别表格中的异常数据，如在财务报销表检测中，识别出"到北京出差却出现深圳出租车票"等。另外，AI 工具能够实现数据智能填充与清洗，识别非结构化数据（如文本、图片）并自动填入表格，如在上传调研问卷图片后，自动提取"用户满意度评分"填入 Excel 表格中，并清洗出异常值（如超出 1 ~ 5 分的数值）。

4. 会议管理

利用 AI 工具可以实现会议的智能议程安排，识别会议中"决定将产品推迟两周上线"的决策，自动加入纪要并高亮显示。利用 AI 工具可以对会议实时转录，在跨国会议中自动生成中英双语字幕，分歧议题用红色波浪线标注。另外，利用 AI 工具能够实现会议任务分发，识别"李总负责渠道优化方案"，会后自动创建任务卡并同步到钉钉等办公软件中。

5. 沟通协作

利用 AI 工具可以标记邮件优先级、自动分类收件箱、将客户投诉信标红置顶、折叠归档订阅通知类邮件。AI 工具可以根据上下文续写邮件内容，如群聊中提及"周三发布会物料"，自动弹出物料清单 + 上次讨论截图 + 供应商联系方式等。AI 工具还能够根据聊天记录自动生成连贯回复建议，如在邮件线程中，若对方询问"项目进度如何？"DeepSeek 自动提取最新甘特图（gantt chart）并建议回复："已完成 80%，详见附件更新。"在跨语言协作方面，AI 工具可以承担翻译功能，实时翻译多语言消息，保留专业术语准确性，实现无缝沟通。

总而言之，通过合理利用 AI 工具，可以在文档处理、演示制作、表格数据分析、会议管理及沟通协作中实现以下提升。

▶ 效率提升：减少重复性劳动（如手动制表、翻译），专注核心决策。

▶ 质量保障：通过智能校验降低错误率，提升内容专业性。

▶ 协作增强：跨团队、跨语言协作更流畅，信息孤岛被打破。

▶ 数据驱动：从海量信息中快速提取洞察，支撑科学决策。

在实际应用中，企业可以根据场景定制功能组合，如将会议纪要自动同步至文档知识库，或者让表格分析结果直接生成演示图表，形成端到端的工作流闭环。

2.3.3 案例：某咨询公司应用 AI 后效率提升 "60%+"

本小节主要通过介绍某咨询公司应用 AI 优化工作方式的改革案例，说明 AI 是如何有效改变我们的工作方式和工作成果的。

案例背景：

企业名称：某咨询公司。

行业：管理咨询（战略规划、数字化转型服务）。

规模：全球员工 1200 人，年项目量 300+，客户涵盖财富 500 强。

主要痛点：

▶ 知识管理低效：40% 的时间用于查找历史案例，重复劳动严重。

▶ 交付质量波动：初级顾问报告需要进行 3 轮修改，客户投诉率为 18%。

▶ 协作成本高：跨国团队时差导致决策延迟，平均项目周期超预算 23%。

以下是 AI 解决方案部署（2022 年起分阶段实施）。

1. 智能知识中枢（2022 年 Q2 上线）

技术架构：

▶ 自然语言处理（natural language processing, NLP）模型构建企业知识图谱（关联 200 万份文档 / 会议记录）。

▶ 多模态搜索：支持"找类似某页 PPT 风格的零售业案例"等模糊指令。

核心功能：

▶ 自动生成"项目启动包"：关联客户行业＋需求关键词，整合 20 份相关案例、方法论、竞对分析。

▶ 实时知识推送：撰写报告时，侧边栏自动提示"消费品行业常用波特五力模型变体 V3.2"。

实施效果：

▶ 案头研究时间缩短 65%。

▶ 复用历史成果比例从 15% 提升至 47%。

2. 全流程质量守护（2023 年 Q1 上线）

技术架构：

▶ 基于 GPT-4 微调的"顾问教练"模型（训练数据：10 年优质报告 + 专家批注记录）。

▶ 规则引擎：嵌入麦肯锡 MECE（mutally exclusive, collectively exhaustive, 相互独立，完全穷尽）原则、BCG（Boston consulting group matrix，波士顿矩阵）矩阵等方法论校验。

工作流改造：

▶ 初稿生成：输入访谈纪要，AI 输出诊断框架（含数据缺口提示）。

▶ 逻辑审查：标记"市场增长预测未考虑政策风险"等漏洞。

▶ 风格优化：将"成本较高"改为"存在每年 2400 万元的效率改进空间"。

实施效果：

▶ 报告一稿通过率从 22% 提升至 68%。

▶ 客户满意度从 4.1/5 升至 4.7/5。

3. 虚拟协作中心（2023 年 Q3 上线）

技术架构：

▶ 数字孪生会议室（VR + 实时翻译 + 议程智能推进）。

▶ 任务流自动化引擎（整合 JIRA、Slack、钉钉）。

典型场景：

▶ 异步决策：美、德、中团队在虚拟看板提交观点，AI 合成共识草案并标记分歧点。

▶ 智能跟单：客户会议中承诺"提供供应链优化方案"，系统自动创建任务卡（责任人/截止日）；推送 BCG 矩阵模板 + 客户历史数据；每 8 小时向合伙人同步进展。

实施效果：

▶ 跨国项目交付周期缩短 32%。

▶ 会议效率提升（无效讨论时间减少 58%）。

使用 AI 优化以后，在单个项目人力投入、报告撰写耗时、客户需求响应速度、顾问利用率、年度营收等方面都获得了显著改善，主要数据指标见表 2.2。

表 2.2　某咨询公司使用 AI 优化后的数据指标

指　　标	实　施　前	实　施　后	变　化　率/%
单个项目人力投入	5.2 人/月	1.8 人/月	−65.4
报告撰写耗时	120 小时	34 小时	−71.7
客户需求响应速度	48 小时	6 小时	−87.5
顾问利用率*/%	55	82	+49
年度营收	2.8 亿美元	4.1 亿美元	+46.4

*顾问利用率：指有效创造价值的时间占比。

以下是 AI 带来的深层变革。

1. 能力平权化

初级顾问也可以调用 CEO 级方法论，直接输入"为某车企设计新能源战略"，AI 自动关联：

▶ 特斯拉颠覆式创新路径。

▶ 比亚迪垂直整合案例库。

▶ 最新电池技术专利地图。

2. 组织形态进化

成立"人机协作办公室"，通过 AI 调动公司的工作效能提升。

▶ AI 训练师：教模型理解咨询黑话（如"第二曲线"对应具体分析框架）。

▶ 伦理审查官：防止过度依赖 AI 导致思维同质化。

3. 商业模式创新

推出"AI 加速器"订阅服务：客户支付年费后，可以自助生成初步诊断报告（带动增量营收 3200 万美元/年）。

以下是 AI 面临的挑战与突破。

数据隐私合规：

▶ 部署联邦学习系统，客户敏感数据不离本地。

▶ 获得 ISO 27001 认证，消除客户疑虑。

文化阻力：

▶ 设立"人机协作指数"（human-computer interaction, HCI）考核，奖励

善用 AI 提升效能的团队。

▶ 合伙人带头用 AI 生成季度战略会材料。

定价革命：

▶ 推出"基础方案（AI 生成）+ 专家精修"阶梯报价，覆盖不同预算的客户。

这个案例证明，知识密集型行业通过 AI 重构工作流，不仅能实现效率提升，更能突破传统人力杠杆限制，重塑行业竞争格局。某咨询公司的实践，为咨询、律所、投行、智库、IT 等各行各业都提供了可迁移的 AI 转型范式。第 3 章将具体讲解如何快速搭建 AI 工作台。

练 习 题

1. 在 AI 大模型中，DeepSeek 属于（　　）类型的 AI 技术。

   A. 专家系统　　　B. 机器学习　　　C. 生成式 AI　　　D. 对话式 AI

2. 目前主流的 AI 大模型中，（　　）在低成本、高性能方面具有竞争优势。

   A. GPT-4　　　B. DeepSeek　　　C. 通义千问　　　D. 文心一言

3. AI 对职场办公的影响，其自然语言理解及快速生成文档的能力可以大大提高工作效率。　　　　　　　　　　　　　　　　　　　　　　　（　　）

   A. 正确　　　　　　　　　　　B. 错误

4. 对于 DeepSeek 大模型来说，在（　　）方面的核心能力具有突出的表现。

   A. 自然语言理解/生成　　　　B. 多模态数据处理

   C. 复杂任务拆解　　　　　　　D. 持续学习

   E. 企业级安全架构

5. 人类与 AI 的协同工作模式中，主要包括（　　）类型。

   A. 替代型　　　B. 增强型　　　C. 创新型　　　D. 决策型

参考答案：

1. C　2. B　3. A　4. ABCDE　5. ABCD

第 3 章　快速搭建 AI 工作台

本章目标：

- 学会 DeepSeek 的网页版/App 版注册及登录。
- 学会 DeepSeek 对话操作、切换历史对话。
- 学会 DeepSeek 本地化部署，理解使用 AI 的不同形式。

3.1　网页版和 App 版全解析

3.1.1　网页版访问入口

直接从浏览器访问 https://chat.deepseek.com，可以看到网页版 DeepSeek 入口，如图 3.1 所示；或者，先访问 https://www.deepseek.com，再单击界面中的"开始对话"链接，一样可以看到这个页面。

图 3.1　网页版 DeepSeek 访问入口

使用 DeepSeek 前需要先登录，使用手机号登录后的界面如图 3.2 所示。

登录到网页版界面以后，就可以正常与 DeepSeek 对话了。如果还没有 DeepSeek 账号，则需要在登录前先注册一个账号。

图 3.2　登录后的 DeepSeek 网页版

3.1.2　账号注册及登录

对于国内的用户，DeepSeek 支持使用手机号、微信、邮箱登录（仅限已有的账号），3 种方式可以任选一种。对于新注册的用户，一般建议使用手机号登录，或者微信扫码登录。

如果选择使用微信登录，可以使用手机扫描右侧的二维码（图 3.1）；如果已经使用微信登录过，可以单击"微信快捷登录"按键快捷登录，如图 3.3 所示。

图 3.3　DeepSeek 微信快捷登录

如果选择使用手机号作为账号，可以单击登录界面下方的"立即注册"按钮，然后正确输入手机号、并设置好两次密码，单击"发送验证码"按钮并填写收到的验证码，如图 3.4 所示，单击"注册"按钮进行注册。新注册的 DeepSeek 用户仅支持手机号注册。

图 3.4　注册 DeepSeek 用户账号

注册好 DeepSeek 用户账号后，就可以在图 3.1 所示的界面中正常登录了（可以正常使用手机号、密码登录）。如果忘记密码也可以使用手机号、验证码登录。

3.1.3　手机版安装

除了直接使用网页版外，DeepSeek 也支持使用手机版。对于重度手机用户来说，这也是比较方便的一种方式。

以 iPhone（苹果）手机为例，可以按照以下步骤安装手机版 DeepSeek。

（1）打开 App Store（应用商店）。

（2）搜索 DeepSeek，会看到很多结果，如图 3.5 所示。

（3）点击小鲸鱼图标右侧的"获取"（如果已经安装过了，会显示"打开"）按钮。

第 3 章　快速搭建 AI 工作台

等待安装完成，从手机桌面上找到小鲸鱼图标并打开，即可成功使用手机版 DeepSeek。手机版 DeepSeek 与网页版 DeepSeek 略有不同，但是账号是一致的，登录以后就可以正常使用了，如图 3.6 所示。

图 3.5　在 App Store 中安装 DeepSeek

图 3.6　手机版 DeepSeek 的界面

如果是 Android（安卓）手机，也可以通过华为应用市场、小米应用商店等，搜索 DeepSeek，找到 DeepSeek 应用软件以后，根据提示完成下载安装即可。除此之外，不管是 iPhone 用户，还是 Android 用户，都可以通过网页版控制台左下方的"下载 App"扫码进行安装，如图 3.7 所示。

图 3.7　扫码下载 DeepSeek App

3.2　控制台的必知模块

对于普通用户来说，使用手机号登录网页版 DeepSeek 是最直接的方式。在日常对话过程中，以讲解网页版 DeepSeek 的使用为主。在网页版 DeepSeek 的控制台界面中，需要熟悉对话模式、历史对话管理，以及附件处理的操作方法。

3.2.1　对话模式选择

在网页版 DeepSeek 的控制台界面中，右侧是最主要的对话窗口，可以直接单击"给 DeepSeek 发送消息"处，然后输入提示词并按 Enter 键就能够给 DeepSeek 发送消息，如图 3.8 所示。

例如，输入提示词"中国古代的四大发明是什么？"，DeepSeek 默认按照"深度思考（R1）"模式，在思考后给出回答，如图 3.9 所示。其中，前半部分是 DeepSeek 思考的过程，有助于用户了解其思索、分析过程，如果只关注回答，可以忽略这一部分；后半部分才是 DeepSeek 给出的回答。通过这种直接的自然语言对话，可以欣赏到 DeepSeek 的智能思考、智能应答，看到其卓越的 AI 表现力。

第 3 章 快速搭建 AI 工作台

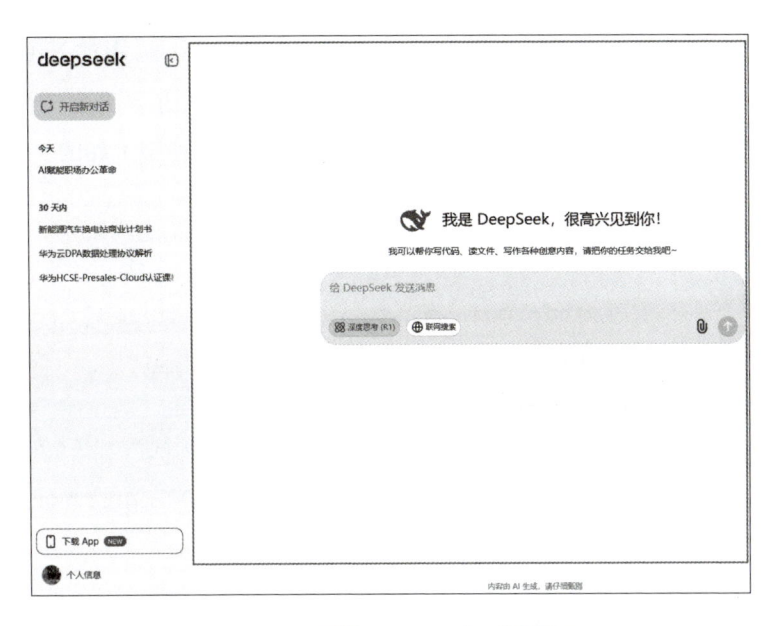

图 3.8　网页版 DeepSeek 对话窗口

图 3.9　DeepSeek 的"深度思考（R1）"对话模式

助学答疑

027

如果开启了 DeepSeek 的"深度思考（R1）"模式，选用的是 DeepSeek 大模型 R1 版本，最新的知识库版本是 2023 年 12 月；如果不开启"深度思考（R1）"模式，默认是 DeepSeek-V3 全功能版（一般是最新版），如图 3.10 所示。

图 3.10　DeeSeek-V3 全功能版对话模式

此外，DeepSeek 中还有一个"联网搜索"功能，如果开启该功能，可以在 DeepSeek 的知识库中纳入联网搜索的结果。如果需要使用 2023 年 12 月以后的最新数据，建议开启该功能。然而，一般在使用 DeepSeek 时，看重的是它的 AI 思索能力，这往往与时间没有太大关系。

使用 DeepSeek-V3 版本对话时，与 DeepSeek-R1 版本的区别在于不再展示具体思考过程，而是直接输出回答。采用这种方式对话，界面更加清爽、直接（图 3.10），对于大多数用户来说，可能更加实用。

3.2.2 历史对话管理

在网页版 DeepSeek 的控制台界面中，左侧是历史对话窗口，在这里可以看到之前发起过的历史对话，如图 3.11 所示。DeepSeek 自动将所有对话（文字、文件、链接）实时同步至历史对话窗口，按时间倒序排列。在手机、PC（presonal computer，个人计算机）、平板登录同一账号，可以查看完整的记录。对话场景具有上下文关联性，因此基于对话管理可以更好地辨析与用户的不同对话过程。

图 3.11 DeepSeek 的历史对话切换

直接单击左侧的某一次对话，可以恢复到当时的对话场景，用户可以选择继续对话，或者翻看之前给出的历史回答。也可以针对某一次对话修改名称，或者删除这一次对话（不再保留）。另外，可以把左侧的历史对话窗口直接折叠起来，如图 3.12 所示，这样操作可以使主对话窗口更加简洁，需要时还可以重新展开。

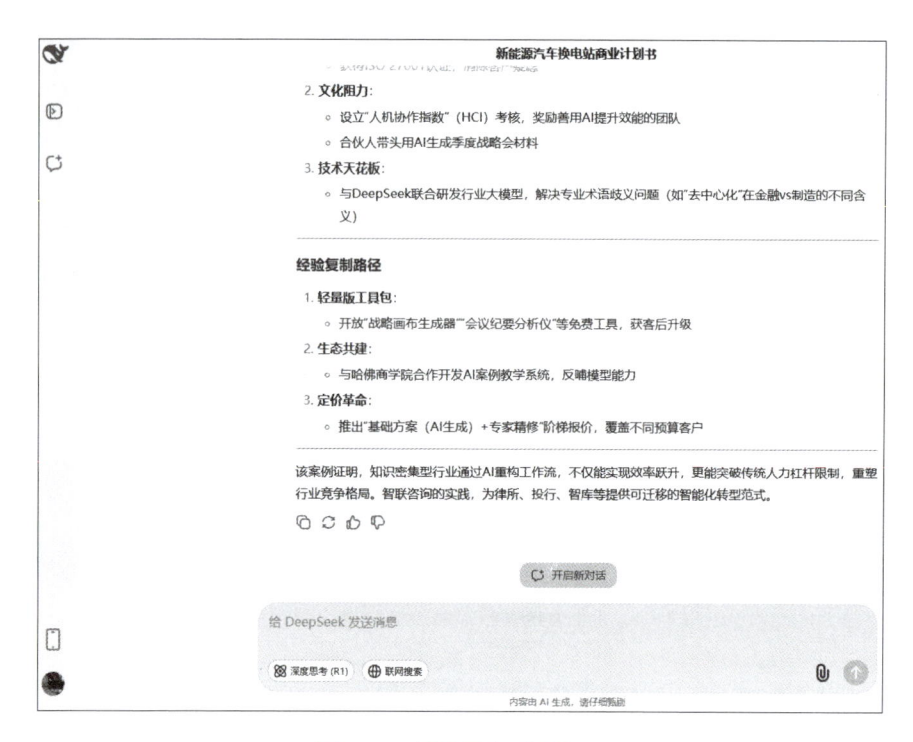

图3.12　折叠历史对话窗口

以下是 DeepSeek 对话管理的典型应用场景。

场景1：写论文"接着上次的来"

第一次：你问 DeepSeek："帮我找5篇关于 AI 伦理的论文摘要。"

一周后：你打开历史记录，直接继续问："这些论文里哪些提到'数据偏见'？"

DeepSeek 自动：

> – 调出上次的5篇论文。
> – 直接标注其中3篇涉及数据偏见的内容，附上原文页码。
> –（不用重新找资料，省时！）

场景2：网购售后"不用重复说问题"

第一次：你投诉："买的衣服尺码不对，订单号1200358。"

三天后：你问："退货进度到哪了？"

DeepSeek 自动：

> – 记住这是订单1200358的问题。
> – 直接回复："已显示仓库签收，预计明天退款到账。"
> –（不用再次输入订单号，省事！）

历史对话是 DeepSeek 有效管理对话的一个功能，通过这套管理系统，DeepSeek 将对话数据从"一次性消耗品"转化为"可迭代的数字资产"，既可以满足个人用户的连续性需求，又可以支撑企业组织的知识传承。

3.2.3 附件处理

DeepSeek 在处理用户对话的过程中，还支持上传附件，以进一步帮助用户高效提取、分析和利用文件中的信息。DeepSeek 支持的文件格式包括以下种类。

- 文档：pdf、docx、txt、ppt、pptx。
- 表格：xlsx、csv。
- 图像：jpg、png（可提取图中文字，进行 OCR）。
- 电子书：epub。
- 压缩包：zip、rar（可解压后读取内部文件）。

DeepSeek 处理文件的核心能力主要体现在文本提取与结构化解析、语义理解与知识关联、任务的自动化执行等方面。

1. 文本提取与结构化解析

精准读取：从 PDF、Word 等文件中提取文字、表格、标题层级结构。

表格处理：识别 Excel 复杂表格，支持公式计算、数据透视分析。示例：上传销售报表，AI 自动计算环比增长率，标注异常数据。

OCR：解析扫描版 PDF 或图片中的文字（如合同扫描件）。

2. 语义理解与知识关联

上下文关联：结合文件内容与用户问题生成精准回答。示例：上传财报后提问"毛利率下降原因？"，AI 定位"成本上升"章节并对比历史数据。

多文档交叉分析：同时上传多个文件，建立关联逻辑。示例：对比 A、B 两份市场调研报告，自动生成差异总结。

3. 任务的自动化执行

摘要生成：百页文档 3 秒输出核心结论。

格式转换：将 PPT 转为文字大纲，或从 Excel 生成可视化图表描述。

问答提取：直接针对文件内容提问（如"合同中的违约金比例是多少？"）。

4. 应用场景举例

场景 1：法律合同审查

用户操作：上传一份 10 页的租赁合同（结合人工审核一起）。

DeepSeek 处理：

- 提取关键条款（租期、付款方式、违约责任）。
- 标红风险点："未明确物业维修责任方"。
- 生成对比建议："行业标准通常约定房东承担结构性维修"。

场景 2：学术论文研究

用户操作：上传 5 篇 PDF 论文并提问"研究方法有哪些共性？"。

DeepSeek 处理：

- 识别各论文方法论章节。
- 归纳出 "80% 研究采用混合方法（定量 + 定性）"。
- 附上原文页码引用。

场景 3：财务报表分析

用户操作：上传上市公司年报 Excel。

DeepSeek 处理：

- 解析报表数据。
- 自动计算流动比率、ROE（return on equity，净资产收益率）等指标。
- 预警："存货周转天数同比增加 15 天，需要关注滞销风险"。

通过上传附件这一功能，DeepSeek 将附件从"静态存储库"转化为"动态知识库"，可以显著提升信息利用效率。无论是处理合同、论文分析还是数据报表，用户都能实现"即传即问即得"的智能交互体验。

3.3　DeepSeek 大模型的本地化部署

在 AI 技术迅猛发展的今天，大模型已成为推动企业智能化转型的核心引擎。然而，通用化云端服务往往难以满足企业对数据安全、业务适配和定制化需求的严格要求。DeepSeek 大模型的本地化部署解决方案，正是为这一痛点而生。

3.3.1 Office AI + Ollama

DeepSeek 大模型虽然好用，但是依赖于网络，在访问量大的情况下用户经常会遇到"服务器繁忙"的提示。因此，很多用户更喜欢部署一套本地化的 DeepSeek 大模型。要完成这个任务，可以利用 Ollama 工具、Office AI 插件来快速实现。

Ollama 是一个在本地计算机上轻松运行 AI 大模型的工具，就像计算机上的"AI 应用商店"，可以下载、管理和使用各种开源大模型（如 LLaMA、Gemma、DeepSeek-R1 等），而不用依赖云端服务。可以单独使用 Ollama 模型在 CMD 窗口中对话，也可以结合 Office AI 插件在办公软件窗口中对话。这里建议安装 WPS + Office AI + Ollama，方便后续使用智能化的办公环境。

1. 安装 WPS + Office AI + Ollama

要在本地安装这些软件，可以参考以下步骤。

（1）安装 WPS Office 2025 办公软件。访问 WPS 官方网站 https://wps.cn/，下载安装 WPS Office 最新版。

（2）安装 Office AI 插件、Ollama 工具。访问官方网站 https://office-ai.cn/，下载安装 OfficeAI；访问官方网站 https://ollama.com/，下载安装 Ollama 工具。

（3）下载 DeepSeek-R1 模型、llama3 模型。按 Win + R 快捷键，运行 cmd 命令，执行以下操作来进行下载和安装（下载可能比较慢，需要耐心等待）。需要注意的是，安装好 Ollama 后，才能执行 ollama 命令，必要时可以重启一次。以下两条命令分别用于安装 DeepSeek-R1 模型和 llama3 模型。如果还安装其他模型，根据需要执行相应的命令即可（如 ollama pull nomic-embed-text 可以安装文本向量小模型）。

```
C:\Users\dell> ollama pull deepseek-r1:1.5b
pulling manifest
pulling aabd4debf0c8... 100% ████████████████ 1.1 GB
pulling 369ca498f347... 100% ████████████████ 387 B
pulling 6e4c38e1172f... 100% ████████████████ 1.1 KB
pulling f4d24e9138dd... 100% ████████████████ 148 B
pulling a85fe2a2e58e... 100% ████████████████ 487 B
verifying sha256 digest
```

```
writing manifest
success
C:\Users\dell> ollama pull llama3
pulling manifest
pulling 6a0746a1ec1a... 100% ▇▇▇▇▇▇▇▇▇▇▇▇▇▇▇▇▇▇▇▇▇ 4.7GB
pulling 4fa551d4f938... 100% ▇▇▇▇▇▇▇▇▇▇▇▇▇▇▇▇▇▇▇▇▇ 12KB
pulling 8ab4849b038c... 100% ▇▇▇▇▇▇▇▇▇▇▇▇▇▇▇▇▇▇▇▇▇ 254B
pulling 577073ffcc6c... 100% ▇▇▇▇▇▇▇▇▇▇▇▇▇▇▇▇▇▇▇▇▇ 110B
pulling 3f8eb4da87fa... 100% ▇▇▇▇▇▇▇▇▇▇▇▇▇▇▇▇▇▇▇▇▇ 485B
verifying sha256 digest
writing manifest
success
```

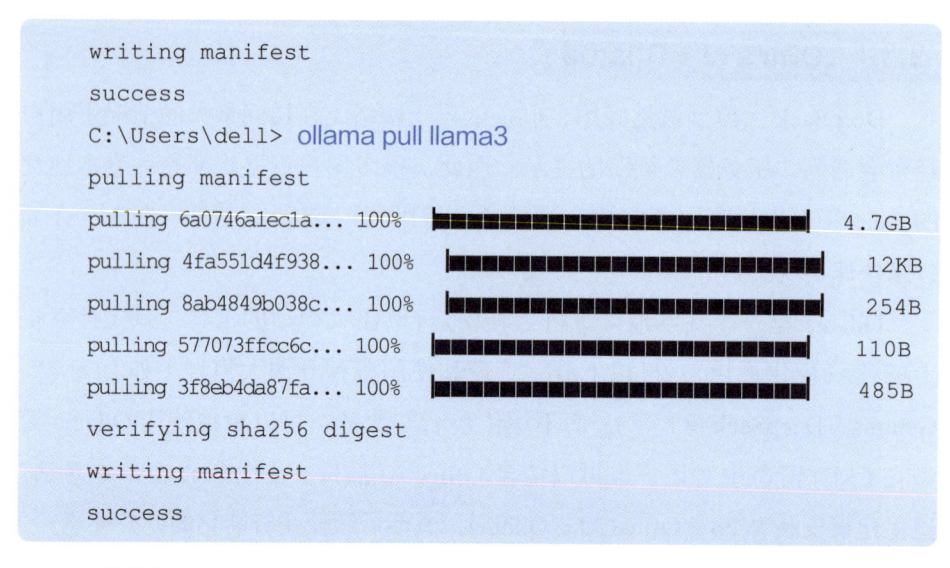

2. 使用 Ollama 工具

完成 WPS + Office AI + Ollama 本地化部署以后，就可以在命令行窗口中调用 Ollama 工具来进行 AI 对话。例如，只要运行 ollama run deepseek-r1:1.5b 指令，就可以进入 DeepSeek 大模型的对话窗口，如图 3.13 所示。如果要退出，直接运行 /exit 指令即可。

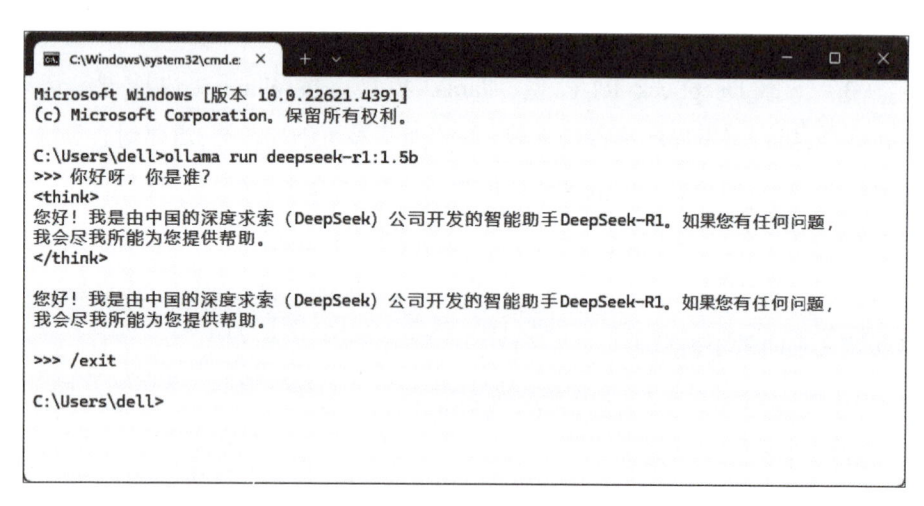

```
C:\Windows\system32\cmd.e:

Microsoft Windows [版本 10.0.22621.4391]
(c) Microsoft Corporation. 保留所有权利。

C:\Users\dell>ollama run deepseek-r1:1.5b
>>> 你好呀，你是谁？
<think>
您好！我是由中国的深度求索（DeepSeek）公司开发的智能助手DeepSeek-R1。如果您有任何问题，
我会尽我所能为您提供帮助。
</think>

您好！我是由中国的深度求索（DeepSeek）公司开发的智能助手DeepSeek-R1。如果您有任何问题，
我会尽我所能为您提供帮助。

>>> /exit

C:\Users\dell>
```

图 3.13 本地 Ollama 工具调用 DeepSeek 大模型

在本地部署 DeepSeek 大模型，可以离线使用，不仅有速度上的优势，同时在数据隐私方面也更加灵活、方便。本地化 AI 就像"自家厨房"——食材（数据）自己掌控，烹饪（模型）自由定制，吃得安心又省钱！

3.3.2 WPS 使用本地化 DeepSeek

如果已经部署了 WPS + Office AI + Ollama，在使用 DeepSeek 插件时，只需稍微进行简单的设置即可。

（1）打开 WPS 办公软件的文档工具，单击"文件"菜单，找到"信任中心"，勾选"启用所有第三方 COM 加载项，重启 WPS 后生效"复选框，如图 3.14 所示。

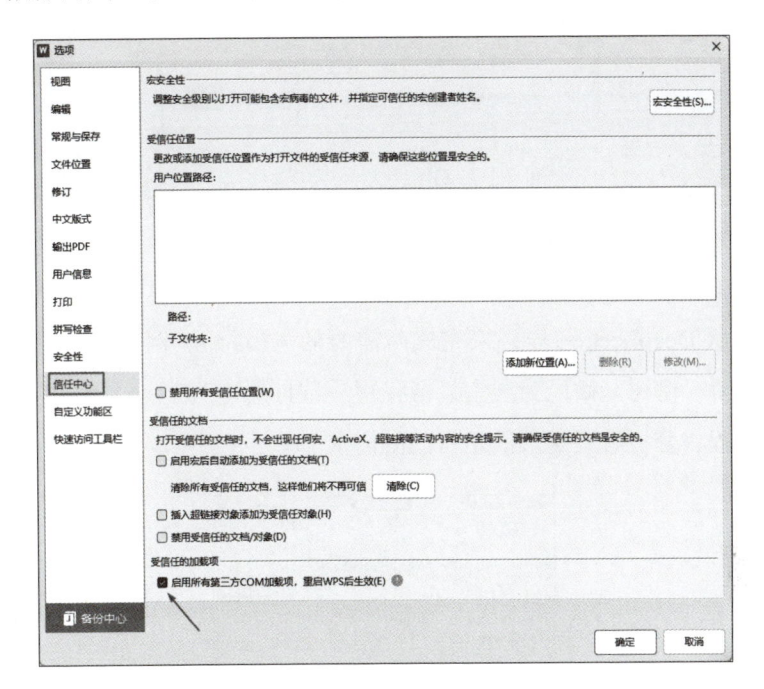

图 3.14　启用 WPS 的第三方加载项

（2）重新打开 WPS 办公软件，可以看到右上角多了一个 OfficeAI 菜单，单击该菜单，可以找到其中的"设置"按钮，如图 3.15 所示。

图 3.15　Office AI 的大模型设置入口

（3）单击"设置"按钮，打开"设置"对话框，单击"安装 APIKEY/本地部署依赖组件"按钮，然后将"框架"设置为 ollama，将"模型名"设置为 deepseek-r1:1.5b，如图 3.16 所示。

图 3.16　Office AI 的大模型设置

（4）完成设置后，单击 OfficeAI 菜单下的"右侧面板"按钮，就可以看到海鹦 OfficeAI 助手的对话界面了，如图 3.17 所示。在这个界面中，可以像使用网页版 DeepSeek 一样，来完成所需要的 AI 对话。例如，可以让它"以阴天、小桥、柳树、微风为线索，帮我写一首打油诗"，一样能观察 DeepSeek 的思考过程、分析答案是否满足自己的需求。

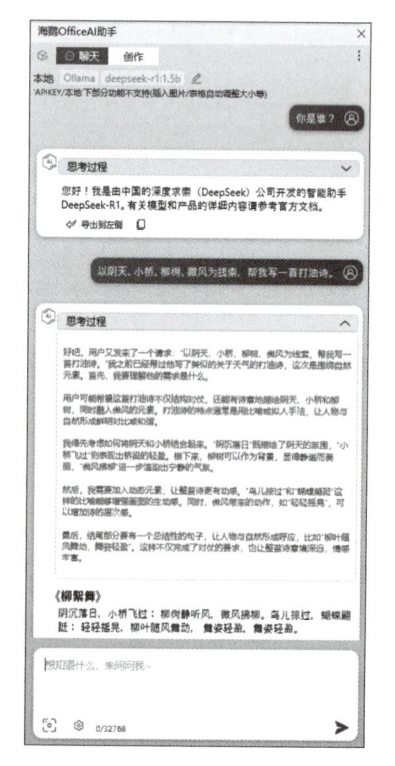

图 3.17　海鹦 OfficeAI 助手调用 DeepSeek 大模型

在 WPS 办公软件中使用本地化 DeepSeek 时，除了直接对话之外，还可以结合 Office AI 插件来使用一些其他功能，在后续的章节中再详细讲解。

3.3.3 WPS 灵犀智能办公助手

通过 Office AI 插件、Ollama 工具，WPS 可以非常方便地调用 DeepSeek 大模型来完成 AI 任务，还可以调用 LLaMA、Gemma 等其他大模型。另外，最新版的 WPS 还推出了灵犀智能办公助手（后文简称"WPS 灵犀"，其内部集成了 DeepSeek），深度集成在 WPS 办公软件中，可以通过 AI 技术来提高文档处理效率，提供智能写作、PPT 生成、数据分析、文档阅读、全网搜索等功能。

WPS 灵犀主要提供以下功能。

1. 智能写作与编辑

- 根据关键词自动生成文章、报告、会议记录等文档内容。
- 提供语法检查、错别字修正、语句优化等编辑辅助功能。

2. PPT 智能生成

- 输入主题后，自动生成 PPT 大纲并推荐设计模板。
- 支持一键美化排版，提升演示文稿的专业性。

3. 智能数据分析

- 识别 Excel 表格数据模式，提供可视化建议（如自动生成图表）。
- 支持数据预测、趋势分析等高级功能。

4. 全网搜索与文档摘要

- 输入问题后，自动搜索网络信息并整理关键内容。
- 支持对上传的文档（PDF、Word 等）进行智能摘要。

5. 语音输入与翻译

- 支持语音转文字，适用于会议记录、快速录入。
- 提供多语言翻译，方便国际文档处理。

6. 个性化学习与推荐

- 根据用户习惯推荐常用功能，优化办公流程。

在最新版的 WPS 的左侧边栏可以找到"灵犀"入口，用于启动 WPS 灵犀，可以选择打开 DeepSeek-R1 大模型，当然也可以选择不用（改用 WPS 自己的大模型）。如果想使用更专业的 WPS 灵犀，还可以启用左侧的灵犀客户端，如图 3.18 所示。

图 3.18　WPS 灵犀

目前，WPS 灵犀仍在内测阶段，部分用户已经可以通过 WPS 侧边栏或独立客户端来进行体验。未来，这个功能有望进一步优化，成为 WPS 的核心 AI 助手之一，在企业办公、教育学习、个人效率等领域发挥更大作用。

本地化 AI 部署时，注意要遵守国家互联网信息办公室 2023 年 7 月发布的《生成式人工智能服务管理暂行办法》，这是我国首个专门针对生成式 AI 技术制定的规范性文件。《生成式人工智能服务管理暂行办法》的核心要点包括以下几个方面。

1. 主体责任明确化

▶ 服务提供者需要承担内容生产者的主体责任。

▶ 必须建立全流程合规体系，包括数据训练、内容过滤、用户管理等。

▶ 要求设立专门安全负责人，实施实名制认证。

2. 内容安全红线

- ▶ 严格禁止生成颠覆政权、分裂国家、恐怖主义等内容。
- ▶ 不得制造虚假信息、歧视性内容或侵害知识产权。
- ▶ 建立先审后发机制，确保可追溯不良内容来源。

3. 数据治理要求

- ▶ 训练数据需要符合网络安全、个人信息保护相关法规。
- ▶ 使用个人信息必须取得单独授权。
- ▶ 重要数据出境需要通过安全评估。

4. 透明性规范

- ▶ 显著标识 AI 生成内容（如添加水印）。
- ▶ 向用户明示服务局限性。
- ▶ 公开服务的基本原理和适用场景。

5. 特殊场景管理

- ▶ 面向公众的服务需要通过安全评估并备案。
- ▶ 金融、医疗等关键领域需要建立更高审核标准。
- ▶ 未成年人模式需要单独设置内容过滤机制。

6. 创新发展保障

- ▶ 鼓励行业组织制定技术标准。
- ▶ 支持安全可控的算法创新。
- ▶ 建立投诉举报通道，完善社会监督途径。

这个规定既为用户划定了安全底线，又为技术发展预留了空间。企业需要特别注意其中关于数据合规、内容审核和标识义务的刚性要求。

练 习 题

1. DeepSeek 的（　　）版本可以直接访问，功能相对较完善，推荐小白用户选用。
   A. 网页版　　　B. 手机版　　　C. API 对接　　　D. 本地化部署
2. 若要查找或调用之前的 DeepSeek 对话资料，可以使用 DeepSeek 的（　　）功能。

A. 网页控制台　　　　　　　　　B. 历史对话（支持上下文关联）

C. 深度思考　　　　　　　　　　D. 附件处理

3. 用户上传一份 10 页的租赁合同并提问"请标红风险点"，这是利用了 DeepSeek 的（　　）功能。

A. 历史对话　　　B. 附件上传　　　C. 联网搜索　　　D. 深度思考

4. WPS 的（　　）提供了专用的 AI 助手，实现智能写作、PPT 生成、智能数据分析等功能。

A.Office AI　　　B.Ollama　　　C. 灵犀　　　D.WPS AI

5. 本地化部署 DeepSeek 大模型时，Ollama 工具起到了一个协调的作用，支持（　　）模型。

A. DeepSeek-R1　　　　　　　　B. llama3

C. qwen-14b　　　　　　　　　 D. nomic-embed-text

参考答案：

1.A　2.B　3.BD　4.C　5.ABCD

第2篇
AI增持的核心办公技能

第 4 章　高效提问与文本生成技巧

本章目标：
- 学会向 DeepSeek 有效提问的黄金法则。
- 学会利用 DeepSeek 进行文档分析及写作的基础指令库。
- 掌握短文案创作、长文档创作的实践技巧。

4.1 向 AI 提问的黄金法则

在向 AI 提问时，如何才能准确获得自己想要的结果，这是每个用户都想搞明白的问题。有效、准确地提问才能获得有效、准确地回答，其实只要学会一些简单的技巧，就能够大幅提高提问效率。

4.1.1 结构化提问（5W1H）

结构化提问是一种系统性的问题分析方法，也是高效使用 AI 工具的核心技巧之一，主要通过 5W1H（who、what、when、where、why、how）六要素框架来组织问题，向 AI 大模型提出需求。结构化提问六要素见表 4.1。

表 4.1　结构化提问六要素

要素	作用	典型提问词	应用示例
who	明确主体	谁/为谁/对谁	目标用户是谁？执行者是谁？
what	定义内容	什么/哪些	要完成什么任务？交付物是什么？
when	确定时效	何时/期限	需要什么时候完成？关键时间节点有哪些？
where	限定范围	在哪里/渠道	应用场景是什么？发布平台是什么？
why	阐明目的	为什么/目的	为什么要做这件事？预期收益是多少？
how	制定方法	如何/怎样	具体执行哪些步骤？需要哪些资源？

结构化提问六要素全面拆解出问题的核心要点，可以确保信息收集的完整性和逻辑性。这种方法最初起源于新闻采访领域，现已广泛应用于商业分析、项目管理、AI 交互等场景。首先在精准度上有了大幅提升，相比模糊提问，结构化提问可使 AI 回答的准确率提高 60% 以上；另外，在效率上也获得了优化，同一个问题减少了平均 3 ~ 5 轮的追问澄清；还有，结果的可控性也有了保障，确保输出符合预期格式和深度。

可以通过以下案例来理解结构化提问。

案例背景：需要准备一份市场分析报告

☒ 非结构化提问：

▶ "帮我写个市场分析。"

问题缺陷：

▶ 缺乏行业、产品等关键信息。

▶ 未说明报告用途和读者对象。

▶ 无格式和深度要求。

☑ 5W1H 结构化提问：

▶ "作为快消品公司的市场经理（who），需要制作 2024 年茶饮行业竞品分析报告（what），用于下周四（6 月 12 日）高管战略会议（when）。报告将在公司内部会议系统中展示（where），目的是确定新品开发方向（why）。请按'现状—竞品—机会'结构（how），用 PPT 格式输出，包含 3 个核心品牌对比表格和数据可视化图表。"

优化效果：

▶ 生成内容直接匹配会议需求。

▶ 自动包含对比表格和图表。

▶ 格式符合 PPT 演示要求。

从提问的本身来分析，提问越准确，得到的回答也就越准确；提问越模糊，得到的回答往往也就越模糊。用户如果遇到"答非所问"的情形就不得不通过反复"追问"来补充需求，从而降低了沟通效率。因此，在提问时应尽可能地通过 5W1H 六要素将自己的需求表述清楚。

在职场应用中，还可以参考以下场景。

场景 1：会议安排

"请为技术部（who）制定下周（when）AI 项目进度评审会（what）的议程。会议在 3 楼会议室（where）举行，需要协调研发、测试、产品 3 个团队（how），目标是解决当前版本延迟问题（why）。按'问题—方案—分工'结构输出，包含时间分配建议。"

场景 2：邮件撰写

"以人力资源主管身份（who），给全体员工写封邮件（what），通知下个月（when）启用新考勤系统（why）。邮件需要通过企业邮箱群发（where），包含系统操作指南链接（how），语气正式但友好，500 字以内。"

场景 3：数据分析

"作为电商运营（who），分析 2024Q1 护肤品品类销售数据（what），聚焦 3—5 月促销季（when）。数据来自公司 ERP（enterprise resource planning，企业资源计划）系统（where），用于优化"618"备货策略（why）。按'销量 Top10—增长率—退货率'维度（how），输出 Excel 表格和趋势图。"

灵活运用结构化提问的方法，AI 就不再是简单的应答机，而是成为一个真正的生产力伙伴。这种方法通过结构化思维，将模糊需求转化为可执行的指令，是提升 AI 协作效率的关键技能。我们可以配合具体场景持续练习，逐步建立自己的提问模式库。

4.1.2 角色—场景—任务法

"角色—场景—任务法"是另一种高效的 AI 交互方法，这种方法从明确角色定位、应用场景和具体任务的角度，让 AI 生成更精准、更符合需求的回答。这种方法包括 3 个要素：角色（role）、场景（scene）、任务（task）。

1. 角色

▶ 定义：明确 AI 需要扮演的角色，使回答更具专业性。

▶ 作用：让 AI 模拟特定身份（如市场专家、律师、教师等），提供符合该角色的建议。

▶ 示例："你是一位资深数据分析师……""假设你是人力资源经理……""请以项目管理顾问的身份……"。

2. 场景

- ▶ 定义：说明问题发生的背景或环境。
- ▶ 作用：限定回答范围，使 AI 给出的方案更贴合实际需求。
- ▶ 示例："在电商行业……""针对初创企业的营销场景……""在跨国团队的远程协作中……"。

3. 任务

- ▶ 定义：清晰描述需要 AI 完成的具体任务。
- ▶ 作用：避免模糊提问，让 AI 直接输出可执行方案。
- ▶ 示例："请帮我制定一份……""生成一个包含……的报告""优化以下文案，使其更加吸引人……"。

当具体实施时，将角色、场景、任务组合到一起，构成要提问的问题（提示词），见表 4.2。

表 4.2 "角色—场景—任务法"拆解

步骤	目的	示例	组合提示词
步骤 1：设定角色	告诉 AI 它需要模拟的身份（如专家、顾问、特定职业）	你是一位资深互联网产品经理，擅长用户增长策略。	你是一位资深互联网产品经理，擅长用户增长策略。我们是一家 SaaS 公司，目标用户是中小型企业。请帮我制定一份 3 个月的免费试用用户转化策略，包含关键指标和优化建议。
步骤 2：描述场景	说明问题发生的行业、环境或限制条件	我们是一家 SaaS 公司，目标用户是中小型企业。	
步骤 3：明确任务	清晰列出 AI 需要完成的具体事项	请帮我制定一份 3 个月的免费试用用户转化策略，包含关键指标和优化建议。	

在职场应用中，可以参考以下场景。

场景 1：朋友圈营销文案

提问：

- ▶ 角色：你是一位社交媒体运营，擅长短文案创作。
- ▶ 场景：我们新推出一款低糖酸奶，目标用户是健身人群。
- ▶ 任务：帮我写一条吸引人的朋友圈文案，突出"0 添加蔗糖＋高蛋白"，30 字以内。

AI 可能输出：

> 健身党福音！0 蔗糖＋高蛋白，喝出好身材~
> 点击解锁新品优惠！

场景 2：会议通知优化

提问：

▶ 角色：你是一位行政助理，擅长高效沟通。

▶ 场景：公司需要通知全员参加本周五的季度总结会。

▶ 任务：帮我写一封简洁明了的会议通知邮件，包含时间、地点、议程，语气正式且友好。

AI 可能输出：

> 主题：全员会议通知：2025 年 Q1 季度总结会
> 各位同事，
> 大家好！
> 我们将于本周五（4 月 25 日）下午 2:00—4:00 在 3 楼大会议室召开季度总结会议，议程如下：
> 1. 领导致辞（10 分钟）
> 2. Q1 业绩汇报（30 分钟）
> 3. 重点项目复盘（40 分钟）
> 4. 自由讨论（20 分钟）
> 请准时参加，并提前准备好相关数据或问题。
> 谢谢！
> 行政部

在上面这些场景中，展示了如何用"一句话角色＋一句话场景＋一句话任务"快速获得精准答案，对于日常的大多数需求，都可以采用"角色—场景—任务法"来让 AI 生成更精准、更专业的回答。

4.1.3 风格切换

DeepSeek 能够根据用户需求调整回答的风格，如正式报告、轻松口语化、技术严谨、幽默风趣、儿童读物等风格。在向 DeepSeek 提问时，可以使用"请以……风格回答"或"用……语气"等指令，明确告诉 AI 你想要的风格。

例如，各种常见的风格可以参考以下示例。

1. 正式报告风格

提问："请以正式商业报告风格，分析 2024 年新能源汽车市场趋势，分点论述，数据翔实。"

AI 回答的特点：

- ▶ 使用专业术语（如"同比增长""市场份额"）。
- ▶ 结构化分点（1. 市场现状 2. 竞争格局……）。
- ▶ 数据支撑（引用权威机构统计）。

2. 轻松口语化风格

提问："用聊天口语风格，简单解释区块链是什么，举生活化的例子。"

AI 回答的特点：

- ▶ 短句、口语化（如"说白了……""你可以理解为……"）。
- ▶ 比喻和例子（如"区块链就像公共账本，大家一起记账"）。
- ▶ 少用术语，多用"你""我们"等人称代词。

3. 幽默风趣风格

提问："用幽默搞笑的方式，写一条提醒同事节约用纸的办公室公告。"

AI 回答的特点：

- ▶ 加入网络梗或夸张比喻（如"一棵树的眼泪在看着你！"）。
- ▶ 表情包式语言（"救命！打印机又吃纸了！"）。
- ▶ 轻松但有效地传达信息。

4. 儿童读物风格

提问："用给 6 岁孩子讲故事的方式，解释'为什么天空是蓝色的'。"

AI 回答的特点：

- ▶ 简单词汇和短句。
- ▶ 拟人化（如"阳光小精灵穿过大气层……"）。
- ▶ 带互动提问（"你知道彩虹是怎么来的吗？"）。

另外，在提问时，通过"角色＋风格"组合，可以让 AI 更精准地切换风格。

提问："你是一位小学科学老师，用生动有趣的语言，向孩子们解释火山喷发的原理，可以加入拟声词和互动问题。"

AI 可能输出：

> 轰隆隆——火山宝宝发脾气啦！
> 地下的岩浆热得受不了（就像你喝热水会"呼——"吐气一样），
> 拼命往上冲，最后"砰"地喷出来！
> 猜猜喷出来的红色岩浆像什么？对了，像挤出来的番茄酱！

另外，还可以进一步通过句式、长度、修辞手法等来限定语言结构，见表4.3。

表 4.3 句式、长度、修辞手法限定

控制维度	示例指令	效 果
句式	"全部用反问句回答"	"难道不是 AI 让工作更高效吗？"
长度	"用一句话总结"	"AI 是职场提效神器。"
修辞	"用比喻解释"	"大脑像 CPU，睡眠就是重启！"

例如，提问："用比喻手法，简短解释'机器学习'，限三句话内。"

AI 可能输出：

> 机器学习就像教小孩认猫：
> 1．先给它看 100 张猫照片（数据输入）
> 2．它自己总结出"猫有尖耳朵"（特征提取）
> 3．下次见到新猫就能认出来（预测）

总而言之，风格的切换也是比较灵活的。提问时可通过 3 个步骤来精准控制风格：明确风格关键词（如"幽默、严谨、儿童化"）→必要时叠加角色（如"你是一位脱口秀演员……"）→限定表达形式（如"用比喻、列表、对话体"）。常用风格指令见表 4.4。

表 4.4 常用风格指令

风格类型	适用场景	示例指令
正式严谨	商业报告、论文	"用学术论文风格，列出参考文献格式。"
亲切口语	客服、社群运营	"像朋友聊天一样回复用户咨询。"
极简清单	会议纪要、待办	"用 bullet points（要点）列出 5 个重点。"
故事叙述	内容创作、培训	"用讲故事的方式说明沟通技巧。"
讽刺吐槽	社交媒体文案	"用自嘲语气写程序员加班段子。"

通过练习，也可以像"调音师"一样，精细调整 DeepSeek 的输出风格，满足各种场景需求。

4.1.4 模拟教师设计课程大纲

本小节通过一个应用案例来说明黄金提问法则的综合应用。以下是基本需求。

▶ 角色：假如你是一名小学老师（who）。

▶ 场景：面向三年级小学生做一次关于"光"的讲座（what、where、when、why）。

▶ 任务：提供一份PPT大纲，列出每页PPT的大概内容（how）。

▶ 语言风格：教学风格幽默、亲切。

综合以上内容，编写提示词如下：假如你是一名小学老师，现在需要面向三年级小学生做一次关于"光"的讲座，请为这次讲座提供一份PPT大纲，列出每页PPT的大概内容，教学风格幽默、亲切。

AI可能输出：

《奇妙的光》——小学三年级科学讲座PPT大纲

（幽默亲切风格，时长20分钟）

封面页
标题：光的魔法王国
副标题：——和老师一起探索光的秘密！
配图：卡通太阳戴墨镜、彩虹、手电筒表情包
互动开场："同学们，闭上眼睛10秒……再睁开！猜猜我们今天要聊什么？（停顿）对啦！就是让我们能看见一切的——光！"

第1页：什么是光？
内容：
- 简单定义："光就像隐形的超级英雄，没有它，世界会一片漆黑！"
- 趣味提问："你觉得光跑得快吗？（等回答）比闪电侠还快哦！"
- 配图：对比图（白天与黑夜，配上夸张的表情）

第2页：光从哪里来？
内容：
- 自然光源：太阳（"宇宙牌大灯泡"）、闪电（"天空的闪光灯"）
- 人造光源：灯泡（"人类的魔法宝石"）、蜡烛（"古代人的小太阳"）
- 互动游戏："举手抢答！萤火虫是自然光还是人造光？（配动画萤火虫闪烁）"

第 3 页：光的"超能力"

内容：

- 穿透能力（手电筒照纸实验图），"薄纸：我投降！厚书：想得美！"
- 反射能力（镜子 + 激光笔动画），"光像乒乓球，镜子是球拍，咻——弹走啦！"
- 道具示范："谁想上来用镜子把光反射到黑板上的靶心？"

第 4 页：彩虹的秘密

内容：

- 三棱镜实验："白光其实是'彩虹战队'伪装成的！"（配七色光分解 GIF）
- 生活现象："雨后彩虹——那是太阳光在玩滑滑梯！"
- 冷笑话："为什么彩虹有 7 种颜色？——因为它不想当'单调'（蛋调）啊！"

第 5 页：光和影子

内容：

- 影子形成："光是霸道总裁，遇到障碍物就说：'不许过！留个黑影当买路钱！'"
- 手影游戏："谁能用手变出小狗或老鹰？"（PPT 放示意图）

第 6 页：光的安全小课堂

内容：

危险光：

- 激光笔——"不是玩具！会伤害眼睛！"
- 强太阳光——"戴墨镜不是装酷，是保护！"
- 安全口诀："强光不直视，激光不乱玩，做个聪明光战士！"

结尾页：总结 + 小测验

内容：

3 个知识点回顾：

- 光是能量小超人
- 彩虹是光的"分身术"
- 影子是光的"小跟班"

趣味问答：

- "晚上能看到彩虹吗？为什么？"
- "如果光会说话，它会对镜子说什么？"
- 奖励：答对的同学获得"光学小博士"贴纸

结束语："下次见到光，记得和它打招呼：'嗨，魔法师！'"

下课！别忘了去操场找找阳光下的影子朋友哦！"

PPT 设计建议
- 字体：用圆润卡通字体（如 Comic Sans MS）
- 配色：明亮彩虹色系
- 动画：添加光线闪烁、彩虹渐现等简单效果

每页元素：
- 1 个核心知识点
- 1 张搞笑配图、表情包
- 1 个互动环节（提问、动作）

这样既保证知识性，又让孩子在笑声中记住关键概念！

这个应用案例充分利用了"角色—场景—任务法"，并结合了 5W1H 的六要素进行提问，通过语言来限定输出结构的风格。大家平时向 AI 提问的过程中，也可以用好这些黄金法则，从而提高回答的准确性和实用性。

4.2 基础指令库

在使用 DeepSeek 大模型的过程中，还可以掌握一些基础指令，以快速完成想要的任务。例如，在分析文档、总结文档时，可以使用 / 检查、/ 总结指令；在创作文档时，可以采用 / 简写、/ 扩写、/ 续写、/ 仿写指令；在需要详细思路、步骤时，可以采用 / 步骤、/ 示例指令。

DeepSeek 对指令的识别比较松散，因此在使用这些指令时，可以在前面加上 "/" 作为标识，也可以不加。一般还是建议大家加上，这样表示这是一条特殊的指令。基础指令建议放在向 AI 提问的提问词的前面。

4.2.1 检查、总结：文档分析及生成摘要

检查和总结一般用于文档分析、生成摘要，需要分析一段话或者分析一个文件时特别有用。检查和总结可用于高效地校对内容或快速获取关键信息，非常适合写作、编程、学习、工作等多种职业场景。

1. / 检查

检查用于对文本或文件进行语法检查、错别字检查、代码检查等常规性任务。

示例 1（校对文本）

用户输入："/ 检查下面这段话有没有语法错误：'昨天我去了公园，玩得很开心。'"

DeepSeek 回复：

> 这句话没有语法错误，表达清晰。

示例 2（代码检查）

用户输入："/ 检查 这段 Python 代码是否有问题："

```
for i in range(5):
print(i)
```

DeepSeek 回复：

> 代码缩进错误，print(i) 应该缩进，正确写法是：
> ```
> for i in range(5):
>     print(i)
> ```

示例 3（逻辑检查）

用户输入："/ 检查 这句话是否有矛盾：'他从未迟到，但今天迟到了十分钟。'"

DeepSeek 回复：

> 存在矛盾。"从未迟到"与"今天迟到"不能同时成立，建议改为"他平时从未迟到，但今天例外"。

2. / 总结

总结用于对文本或文件进行归纳、提炼核心内容，节省分析会议记录、邮件的时间，提高效率。

示例 1（文章总结）

用户输入："/ 总结 这篇文章的主要内容：（附上一段关于 AI 发展的长文）"

DeepSeek 回复：

> 本文主要讨论了 AI 近年来的快速发展，重点介绍了大模型、自动驾驶等领域的突破，并展望了 AI 未来的应用前景。

示例 2（会议记录总结）

用户输入："/ 总结 这段会议记录的重点：（附上冗长的会议讨论内容）"

DeepSeek 回复：

> 会议主要确定了 3 个事项：①下季度产品发布时间推迟到 6 月；②市场部将增加广告预算；③技术团队需要优化服务器稳定性。

示例 3（长邮件总结）

用户输入："/ 总结 这封客户投诉邮件的重点：（上传一封抱怨物流延迟、包装破损的 300 字邮件）"

DeepSeek 回复：

> 客户主要投诉两点：①订单比预计晚到 3 天；②商品外包装严重破损，要求补发或退款。

4.2.2 简写、扩写、续写、仿写：文字创作随心所欲

这一类指令主要用于完成必要的文本改造任务，在实际应用中可以根据需要发挥各自的作用，指令的作用与各自的字面意思相同。

1./ 简写

简写用于压缩文本内容、缩短篇幅，只保留核心信息。

示例 1（长句简化）

用户输入："/ 简写 由于天气原因，原定于本周六举行的户外音乐节将延期至下周日，具体时间另行通知。"

DeepSeek 回复：

> 周六户外音乐节因天气延期至下周日，时间待定。

示例 2（文章精简）

用户输入："/ 简写 AI 在医疗领域的应用包括疾病诊断、药物研发和患者护理，显著提高了效率。"

DeepSeek 回复：

> AI 应用于医疗诊断、制药和护理，提升效率。

示例3（会议记录压缩）

用户输入："/简写 本次会议讨论了预算分配问题，市场部申请增加20%的广告投入，技术部建议优先升级服务器。"

DeepSeek 回复：

> 会议决议：市场部申请+20%广告预算，技术部提议升级服务器。

2./扩写（丰富内容，增加细节）

当需要对文本展开描述、补充例子或增强表达时（如写作、报告、润色文案），可以使用这个指令。

示例1（短句扩写）

用户输入："/扩写 她喜欢读书。"

DeepSeek 回复：

> 她尤其热爱阅读，每天都会抽出两个小时沉浸在小说、历史和非虚构类书籍中，书架上摆满了不同语言的藏书。

示例2（概念解释）

用户输入："/扩写 碳中和是指减少碳排放。"

DeepSeek 回复：

> 碳中和是指通过植树造林、使用清洁能源等方式抵消人类活动产生的二氧化碳排放量，最终实现净零排放的目标。

示例3（产品描述）

用户输入："/扩写 这款手机续航时间长。"

DeepSeek 回复：

> 这款手机搭载了5000毫安时大容量电池，配合智能省电技术，可连续播放视频18小时或待机长达5天。

3./续写（延续内容，保持逻辑连贯）

当需要接续未完成的文本时（如故事创作、邮件撰写、方案补充等），可以使用续写指令完成一些创作性任务。

第 4 章　高效提问与文本生成技巧

示例 1（故事续写）

用户输入："/ 续写 深夜，他听到窗外传来奇怪的脚步声……"

DeepSeek 回复：

> 他屏住呼吸，悄悄拉开窗帘，发现一个黑影正蹲在花园里翻找什么。月光下，黑影突然抬头，露出一双发亮的眼睛。

示例 2（邮件续写）

用户输入："/ 续写 尊敬的客户，感谢您选择我们的服务……"

DeepSeek 回复：

> 我们将为您提供 24 小时专属技术支持，如有任何问题，请随时联系客服邮箱：support@example.com。

示例 3（论文续写）

用户输入："/ 续写 环境保护需要全民参与……"

DeepSeek 回复：

> 例如，垃圾分类可以减少 landfill（填埋）污染，节约用水能缓解水资源短缺，而低碳出行则直接降低温室气体排放。

4./ 仿写（模仿风格或结构）

当需要参考某类句式、文风或格式时（如广告文案、诗歌、公文等），可以使用仿写指令。

示例 1（广告语仿写）

用户输入："/ 仿写 风格类似'钻石恒久远，一颗永流传'。"

DeepSeek 回复：

> 茶香沁心脾，一叶品千年。

示例 2（诗歌仿写）

用户输入："/ 仿写 模仿鲁迅的风格写一句关于春天的诗。"

DeepSeek 回复：

> 所谓春至，不过是枯枝上吊着几朵黄花。

示例 3（公文仿写）

用户输入："/ 仿写 仿照通知格式写一份会议延期通知。"

DeepSeek 回复：

> 通知：原定于 2025 年 4 月 30 日的项目评审会因故延期至 5 月 6 日，地点不变。敬请谅解！"

4.2.3 步骤、示例：保姆级答疑解惑

步骤指令可以要求 DeepSeek 将复杂问题分解为逐步操作指南，适合需要分步执行的任务；而示例指令可以要求 DeepSeek 提供具体的示例，帮助理解抽象概念或操作方法。

1./ 步骤（拆解任务或流程）

当需要明确操作流程、解决步骤或计划框架时（如教程、指南、项目规划、数学解题等），可以直接使用步骤指令。

示例 1（日常任务）

用户输入："/ 步骤 如何煮一杯标准的拿铁咖啡？"

DeepSeek 回复：

> （1）研磨 18g 咖啡豆（细砂糖粗细）。
> （2）用咖啡机萃取 30mL 浓缩咖啡。
> （3）蒸汽打发 150mL 牛奶至绵密奶泡。
> （4）将牛奶缓慢倒入咖啡，拉花装饰。

示例 2（技术操作）

用户输入："/ 步骤 如何在 Excel 中制作折线图？"

DeepSeek 回复：

> （1）选中数据区域（包含标题行和数值列）。
> （2）执行"插入"→"折线图"命令。
> （3）右击图表，选择"添加数据标签"命令。
> （4）调整坐标轴标题和图表样式。

示例 3（数学解题）

用户输入："/ 步骤 如何解方程 $2x + 5 = 11$？"

DeepSeek 回复：

> （1）两边减去 5：$2x = 11 - 5 \rightarrow 2x = 6$。
> （2）两边除以 2：$x = 6 / 2 \rightarrow x = 3$。
> （3）验证：代入原方程，$2 \times 3 + 5 = 11$，成立。

2./ 示例（提供例子或模板）

当用户需要参考实例、模板或应用场景时（如写作示范、代码案例、话术模板等），可以使用示例指令。

示例 1（写作示范）

用户输入："/ 示例 写一封辞职信的模板。"

DeepSeek 回复：

> 尊敬的［领导姓名］：
> 　　因个人职业规划调整，我拟于［日期］正式离职。感谢公司在我工作期间给予的培养与支持，我会做好交接工作。祝团队前程似锦！
> 　　此致
> 　　敬礼！
> ［您的姓名］

示例 2（代码案例）

用户输入："/ 示例 写一段用 Python 爬取网页标题的代码。"

DeepSeek 回复：

```python
import requests
from bs4 import BeautifulSoup
url = "https://example.com"
response = requests.get(url)
soup = BeautifulSoup(response.text, 'html.parser')
print("网页标题:", soup.title.string)
```

示例 3（沟通话术）

用户输入："/ 示例 礼貌拒绝同事加班请求的话术。"

DeepSeek 回复：

> 感谢你的信任！但我今晚已有安排，可能无法协助。如果明天上午紧急，我们可以优先处理这部分工作。

4.3 短文案创作技巧

短文案的核心是"快、准、狠"——快速抓住注意力、精准传递信息、狠狠戳中痛点。DeepSeek 能够帮助用户快速生成高转化率的文案，本节将讲解两个关键场景的详细应用。这些短文案在朋友圈、微博、小红书等场景下都可以使用。

4.3.1 标题党生成器

利用悬念、冲突、利益点等技巧，快速生成吸人眼球、高点击率的标题。在使用 DeepSeek 时，可以使用仿写指令模仿爆款标题结构，使用扩写指令强化情绪或痛点；使用检查指令优化语言，使其更简洁。

示例 1（悬念式）

用户输入："生成一个悬念式标题，关于减肥。"

DeepSeek 回复：

> 她 3 个月瘦了 10kg，只靠 1 个习惯……医生都惊了！

示例 2（冲突式）

用户输入："把这个标题改得更尖锐：'年轻人攒不下钱'。"

DeepSeek 回复：

> 为什么"90 后"拼命工作，却连 5 万元都存不下？真相扎心了！

示例 3（利益点直给）

用户输入："/仿写 类似'7 天学会 Python'的标题，主题是 Excel。"

DeepSeek 回复：

> Excel 高手都在用的 10 个技巧，1 小时搞定你 1 天的工作！

示例 4（提问式）

用户输入："/检查 这个标题是否吸引人：'如何提升沟通能力？'"

DeepSeek 回复：

> 建议改为："为什么你说话总被忽略？3 个技巧让你人缘开挂！"

示例 5（数字强化）

用户输入："/扩写 加入数字：'理财方法让你财富自由'。"

DeepSeek 回复：

> 95% 的人不知道的 3 个理财法，5 年内让你的存款翻倍！

4.3.2 朋友圈九宫格文案设计

通过图片＋短文案的组合，可以打造高互动朋友圈内容（如产品推广、人设包装、生活分享）。图片可以搭配成九宫格的方式，短文案的创作一样可以用 DeepSeek 来完成。九宫格的图片布局中，第一张图制造悬念，中间展开细节，最后引导互动。文案长度控制在 20 字以内，文案内容中穿插表情符号来强化情绪。

场景 1：美食探店

封面图＋文案："这家店被我扒出来了！成都 Top1 火锅 ㊙"。

菜品特写＋文案："毛肚比脸大，涮 8 秒脆到炸 🤤"。

环境图＋文案："复古风＋霓虹灯，拍照直接封神 📷"。

场景 2：知识干货

封面图＋文案："2024 年最全的 AI 工具清单！错过再等 1 年 🔥"。

分点图＋文案："DeepSeek：写文案 | Notion AI：做表格 | Midjourney：画头像"。

结尾图＋文案："关注我，每天解锁一个效率神器 ✨"。

场景 3：健身打卡

对比图＋文案："30 天对比！腰围 –5cm，我的秘诀是……"。

动作示范＋文案："每天 5 分钟平板撑，小肚子真的会消失！"

饮食图＋文案："吃对了才能瘦！我的三餐食谱大公开"。

场景 4：旅行打卡

封面图（地标＋悬念）＋文案："在云南发现了一个 99% 的人不知道的神仙小镇！🍃"。

风景图 1（自然风光）＋文案："清晨的洱海，像被上帝加了蓝绿色滤镜 💧"。

风景图 2（人文特色）＋文案："白族奶奶做的扎染，每一块都是独一无二的艺术品 🎨"。

美食图＋文案："这碗玫瑰乳扇米线，吃一口就穿越到《去有风的地方》🍜"。

人物照（互动引导）＋文案："猜猜我这套衣服多少钱？答案在评论区 👇"。

场景 5：职场干货

封面图（痛点提问）＋文案："为什么同事升职比你快？3 个隐形规则没人告诉你 ⚡"。

分点图1（技巧）+文案："1.每周给领导发'成果清单'，存在感+100%☑"。

分点图2（技巧）+文案："2.开会坐前排+第一个发言，轻松拿'高潜力'标签 🎯"。

分点图3（技巧）+文案："3.用'项目复盘PPT'替代加班，让功劳被看见 📊"。

结尾图（转化）+文案："点击收藏→下周就能用上的职场心机术 💼"。

试试用上面这些方法，你的文案也可以点击率倍增、朋友圈互动率飙升！

4.4 长文档结构化写作

长文档的核心是逻辑清晰、重点突出、易于阅读，主要目标是通过清晰的逻辑框架和层次分明的格式，将复杂的信息有序呈现，便于读者快速理解核心内容。DeepSeek可以帮助用户快速完成长文档的框架搭建、内容填充和优化校对，适用于编写商业计划书和技术白皮书等。

4.4.1 商业计划书

商业计划书需要吸引投资者或合作伙伴，因此需要突出市场机会、盈利模式和团队优势。商业计划书的痛点在于内容杂、数据多、逻辑链长，容易写成"大杂烩"。商业计划书一般建议按照以下结构进行组织。

▶ 执行摘要（核心亮点）：用1页概括项目价值。

▶ 市场分析（痛点+数据）：细分目标市场，引用行业报告数据。

▶ 产品/服务（解决方案）：用流程图或对比表说明差异化。

▶ 商业模式（如何赚钱）：收入模型、定价策略、客户生命周期价值。

▶ 团队介绍（背景背书）：突出关键成员的成功案例。

▶ 财务预测（可信度）：3～5年的收入、成本、利润表格。

如果利用DeepSeek来编写商业计划书，可以灵活运用相关指令，从生成大纲框架开始，逐步细化内容。DeepSeek指令组合："/步骤 生成框架→/扩写 填充内容→/检查 校对数据一致性。"

场景1：智能手环创业项目

需求：快速输出一份20页的商业计划书，涵盖市场、产品、财务3部分。操作步骤如下所述。

第 4 章　高效提问与文本生成技巧

1. 生成框架

用户输入："/ 步骤 撰写智能手环商业计划书的核心章节。"

DeepSeek 输出：

> （1）执行摘要（核心优势＋需求痛点）。
> （2）市场分析（规模、竞品、用户画像）。
> （3）产品设计（功能、技术壁垒）。
> （4）财务预测（3 年营收、成本结构）。

2. 扩写内容

用户输入："/ 扩写 [市场分析] 章节，加入数据'中国可穿戴设备市场 2025 年达 1000 亿元，目标用户为 25 ～ 40 岁健身人群'。"

DeepSeek 输出：

> 根据《2024 中国智能硬件报告》，可穿戴设备市场年增长率 15%，2025 年规模将突破 1000 亿元。核心用户为 25 ～ 40 岁中产人群，其中 72% 关注健康监测功能（数据来源：×××调研）。

3. 检查漏洞

用户输入："/ 检查 财务预测中"第一年营收 500 万元"是否与市场分析中的规模匹配？"

DeepSeek 输出：

> 需修正：若市场总规模 1000 亿元，目标用户占比 0.1%，则潜在市场规模为 1 亿元，500 万元营收（5% 份额）较合理，建议补充市场份额计算依据。

场景 2：餐饮连锁融资计划书

需求：一位创业者想开健康快餐连锁店，在"市场分析"中结构化呈现。

▶ 痛点：都市白领缺乏高性价比的健康午餐。
▶ 数据：引用《2024 中国餐饮业年度报告》显示"轻食市场年增长 25%"。
▶ 竞品对比表：列出自家产品在价格、配送速度、卡路里标注上的优势。

操作步骤如下所述。

1. 输入指令生成大纲

用户输入："作为健康快餐连锁品牌创始人，我需要一份针对投资者的商业计划书大纲，重点包括市场分析、产品差异化、3 年财务预测。请按结构化格式列出章节，并说明每部分需要的数据类型。"

DeepSeek 输出：

> 1．执行摘要（200字内）
>   – 核心需求：解决都市白领健康午餐稀缺问题
>   – 关键数据：首年目标营收500万元
> 2．市场分析
>   – 所需数据：轻食市场规模增长率、竞品均价对比
> 3．产品差异化
>   – 所需图表：菜单卡路里与竞品对比图
> ...（略）

2. 数据自动整理与可视化

市场数据抓取：上传《2024中国餐饮业年度报告》PDF。用户输入："提取文中关于轻食市场规模、用户画像的数据，生成对比表格。"

财务模型生成：输入基础数据（如单店成本、客单价）。用户输入："根据首年3家店、次年8家店的扩张计划，生成3年收入、成本、利润的Excel表格，并转化为折线图。"

3. 差异化亮点强化

竞品分析：上传竞品菜单价目表。用户输入："对比我们的产品在价格、营养指标、配送时效上的优势，用红色标注关键胜出项。"

一句话标语提炼："基于'低卡+15分钟送达'的核心优势，生成5条吸引投资人的广告语。"

4.4.2 技术白皮书

技术白皮书的痛点在于技术术语多、读者认知差异大，容易"自说自话"。如果利用DeepSeek来编写技术白皮书，可以使用简写指令来简化技术描述，使用示例指令来添加案例，使用仿写指令来调整学术语气。在技术白皮书末尾，还可以添加FAQ模块(freqently asked questions，常见问题解答)，解答高频提问。

场景1：AI医疗影像白皮书

需求：向医院证明产品合规性和精度。

操作步骤如下所述。

（1）用检查指令核对临床数据的准确性："/检查"准确率98%"是否需

要注明测试数据集和标准？"

（2）用仿写指令转换技术语言为临床价值："/仿写 将'ResNet-50模型'改为医生能理解的价值描述。"

DeepSeek输出：

> 本系统通过深度学习自动识别CT影像中的病灶，减少医生70%的初筛时间。（……详细略）

场景2：智能家居公司——Wi-Fi节能插座技术白皮书

需求：向客户和合作伙伴说明插座如何通过算法省电30%。

操作步骤如下所述。

1. 输入基础信息（问题定义）

用户输入："我需要一份智能插座的技术白皮书，核心功能是通过AI自动调节家电功耗，节省用电。请先列出白皮书的大纲，要求包含技术原理、实测数据和家庭应用场景。"

DeepSeek输出：

> 大纲建议：
> ■ 家庭用电浪费现状（如待机耗电占比15%）
> ■ 节能算法原理（动态电压调节+学习用户习惯）
> ■ 实验室测试数据（对比普通插座）
> ■ 典型场景（空调、电视机适配方案）

2. 生成技术原理章节

用户输入："用通俗的语言解释'动态电压调节'技术，避免电路术语，用比喻说明。举例：类似水龙头根据水量需求自动调大调小。"

DeepSeek输出：

> 插座内置的AI芯片会像"用电管家"一样，监测电器状态。例如：当检测到电视机处于待机时，自动将电压从220V降至5V（相当于把水流从水管变成滴漏），节省隐藏耗电。

3. 插入数据图表

上传实验室测试的Excel表格（包含普通插座与智能插座耗电量）。用户输入："将这份Excel数据转化为对比柱状图，标注节电30%的结论，并添加说明文字。"

DeepSeek 输出：

> （节电对比图的描述）

4. 生成应用场景

用户输入："列出 5 个家庭用户最关心的节能问题，并用我们的插座功能对应解决。例如：问题'忘记关空调'→解决方案'插座自动识别并切断待机电源'。"

场景 3：农业科技公司——土壤湿度传感器技术白皮书

需求：向农民推广可降低灌溉成本的传感器。

操作步骤如下所述。

1. 定义读者需求

用户输入："我的用户是种植大棚蔬菜的农民，文化程度不高。请帮我设计一份技术白皮书，重点说明土壤传感器如何减少浇水次数，增加产量。要求用口语化表达。"

DeepSeek 输出：

> 标题改为"用这个小设备，每年少浇 100 次水，西红柿多赚 5000 元！"
> 核心章节：
> － 传统浇水的浪费（如凭经验导致 50% 水渗漏）。
> － 传感器如何工作（地下探头 + 手机报警）。
> － 成本回收周期（3 个月回本）。

2. 生成技术说明

用户输入："用农民能听懂的方式解释'阈值报警'功能。例如，土壤湿度低于 20% 时，手机会像闹钟一样响。"

DeepSeek 输出：

> 把传感器插到土里，它就像个"小舌头"，尝到土太干了就立刻打电话通知你，比天天蹲在地上摸土省事多了！

3. 制作效果对比图

上传农民试用数据（浇水次数、产量变化）。用户输入："把这份数据变成前后对比图，左边画一个农民挑水（标注'过去每周浇 5 次'），右边画手机提醒（标注'现在每周浇 2 次'）。"

DeepSeek 输出：

（灌溉对比图）

4. 添加常见问题

用户输入："模拟农民提问：'这玩意儿怕不怕大雨泡坏了？'请用一句话解答，并配一个防水等级图标（IP67）。"

需要注意的是，目前网页版 DeepSeek 还不支持直接生成真正的图表，而只是给出图表的文本描述。如果需要直接生成图表，可以使用 Excel、Power BI 等工具导入数据后再制图，也可以让 DeepSeek 生成绘图代码（Python、Matplotlib 或 R/ggplot2），然后自己运行代码生成图片（将在后续章节讲解）。

练 习 题

1. 向 DeepSeek 提问时，（　　）是行之有效的黄金法则。
   A. 结构化提问（5W1H）　　B. 角色—场景—任务法
   C. 风格切换　　D. 检查总结

2. 对于 DeepSeek 常用的基础指令，（　　）主要用于归纳文件的核心要点。
   A. / 检查　　B. / 总结　　C. / 简写　　D. / 示例

3. 对于 DeepSeek 常用的基础指令，（　　）主要用于丰富一段文本的内容。
   A. / 总结　　B. / 简写　　C. / 扩写　　D. / 仿写

4. 生成朋友圈标题文案时，主要利用悬念、冲突、利益点来制造关注的核心。（　　）
   A. 正确　　B. 错误

5. 利用 DeepSeek 编写长文档时，文件中的图片素材还无法直接生成，需要借助（　　）来生成。
   A. Excel　　B. PPT　　C. Word　　D. Python

参考答案：

1. ABC　2. B　3. C　4. A　5. AD

第 5 章　AI 智能文档创作

本章目标：

- 学会利用 DeepSeek 进行 AI 化文档创作。
- 学会利用 DeepSeek 进行 AI 化演示创作。
- 学会利用 DeepSeek 进行 AI 化表格处理。

5.1　AI + 文档创作

在职场办公中，DeepSeek 可以大幅提高文档创作的效率，无论是社交媒体运营、工作汇报，还是日常沟通，都能借助 AI 实现智能化撰写、润色和优化。用户不需要再花大量的时间来实现从无到有的创作过程，用户的时间可以用于对 AI 生成的结果进行选择、优化、置换。

5.1.1　小红书、公众号、微博

在小红书、公众号、微博等软件中，创作的文案主要用在品牌宣传、产品推广、活动通知、用户互动等环节中，可以利用 AI 来自动生成吸引眼球的标题和正文，也可以利用 AI 来提供热门话题和标签建议，还可以利用 AI 来优化文案风格、生成符合平台调性的文案（小红书文案偏口语化、公众号文案偏专业、微博文案简短直接）。

示例 1：小红书产品推广

用户输入："帮我写一篇小红书风格的文案，推广一款便携咖啡机，主打'3秒即热、办公室必备'，语气轻松活泼，带 emoji 表情符号。"

AI 生成文案：

> ☕ 打工人续命神器！3 秒即热咖啡机，办公室秒变咖啡馆！
>
> 终于找到我的本命咖啡机了！☕ 不用等烧水、不用洗杯子，插电 3 秒就能喝到热美式~
>
> ✨ 一键操作，咖啡小白也能变大师！
> ✨ 小巧便携，出差放包里完全不占地儿！
> ✨ 5 档温度调节，冷萃、热拿铁都能搞定！
>
> 打工人早八的快乐是它给的！👋 ＃办公室好物 ＃咖啡控 ＃便携咖啡机

示例 2：公众号活动通知

用户输入："写一篇公众号文章，宣布公司下周将举办'AI 赋能办公'主题沙龙，面向企业管理者，风格正式但略带号召性。"

AI 生成文案：

> 📢 活动预告 | AI 如何重塑高效办公？这场沙龙给你答案！
>
> 在数字化转型的浪潮下，AI 正深刻改变我们的工作方式。2025 年 × 月 × 日，我们诚邀您参与"AI 赋能办公：智能时代的效率革命"主题沙龙！
>
> ◆ 特邀行业专家，分享 AI 在项目管理、自动化流程中的实战案例
> ◆ 现场演示 DeepSeek 智能助手如何提升 80% 文档处理效率
> ◆ 圆桌讨论：企业如何低成本落地 AI 工具？
>
> ⏰ 时间：2025 年 × 月 × 日 14:00—17:00
> 📍 地点：×× 大厦 3F 会议厅
> 🎁 报名即赠《AI 办公应用白皮书》电子版！
> 👉 点击链接立即预约席位：[报名链接]

示例 3：微博产品发布（短快吸睛）

用户输入："帮我写一条微博，宣传公司新推出的 AI 会议助手'DeepMeet'，支持语音转写＋智能总结，带话题和互动提问。"

AI 生成文案：

> 🚀 打工人狂喜！开会再也不用疯狂记笔记了！
>
> 公司新品 #DeepMeet AI 会议助手# 上线！
>
> ☑ 语音实时转文字，准确率 98%
> ☑ 自动生成会议纪要，1 秒提取重点
> ☑ 支持中英双语，跨国会议无压力

> 点击预约：🔗 [链接]
> 💬 互动：你最讨厌开会的哪一点？
> （抽 3 位送 1 年会员！）#AI 办公　#职场效率

如果使用 WPS，可以直接调用 WPS 灵犀，快速创作出小红书、朋友圈、微博等营销类文案，如图 5.1 所示。

图 5.1　WPS 灵犀快速创作营销类文案

例如，只要单击"小红书"按钮，并输入提示词"华为 2025 年全联结大会"，提交后即可获得反馈的小红书文案，如图 5.2 所示。如果对生成的结果不满意，还可以在灵犀客户端对结果进一步修改、润色、换标题等，比直接使用 DeepSeek 更加方便。

图 5.2　WPS 灵犀快速创作小红书文案

5.1.2 工作汇报、工作计划、发言稿、群发公告

在职场办公中，经常需要撰写工作汇报、工作计划、发言稿、群发公告、项目规划、会议发言、团队通知等。利用 AI 可以协助完成结构化表达（如汇报用 STAR 法则、计划用 SMART 原则），可以实现数据可视化建议（如"建议用折线图展示季度增长"），当然也可以调整语气风格（正式汇报与轻松团队公告）。

示例 1：季度工作汇报（数据型）

用户输入："帮我写一份 Q1 销售部工作总结，重点包括销售额同比增长 25%、新客户增长 40%、下季度目标提升 30%，要求数据突出、分点清晰。"

AI 生成文案：

2025 Q1 销售部工作总结及 Q2 计划

一、核心成果

- ☑ 销售额：达成 580 万元，同比 +25%（去年同期 464 万元）
- ☑ 新客户开发：新增签约客户 32 家，同比 +40%
- ☑ 客户满意度：NPS 评分 9.2，行业排名 Top10

二、关键动作

- ◆ 优化电销话术，转化率提升 15%
- ◆ 开展 3 场线下行业沙龙，带来 12 家高意向客户

三、Q2 目标与策略

- 🎯 目标：销售额 750 万元（+30% MoM）
- 📌 重点举措：
  1. 启动"双十一"大客户专享计划
  2. 试点 AI 外呼系统，提升触达效率

示例 2：团队群发公告（轻松风格）

用户输入："写一份团队通知，本周五下午 3 点公司组织'春日冰咖派对'，有咖啡拉花比赛和抽奖，鼓励大家参加，语气活泼。"

AI 生成文案：

☕【紧急通知】本周五不喝咖啡，和咸鱼有什么区别？

各位小伙伴注意啦！本周五（4 月 25 日）下午 3 点，行政部的春日冰咖派对强势来袭！

> **活动亮点：**
> - 咖啡师现场教学，手残党也能学会拉花！
> - 拉花 Battle 赛，冠军赢星巴克券！
> - 幸运抽奖：AirPods、冰咖套装等你拿~
>
> 📍 地点：15F 休闲区
> 👕 着装要求：怎么凉快怎么来！
> PS：老板说参加的人本月 KPI 自动 +1（bushi）

示例 3：项目启动会发言稿（激励团队）

用户输入："写一份项目启动会发言稿，项目名'星火计划'，目标是 3 个月内完成新产品市场推广，需要鼓舞士气、强调团队协作。"

AI 生成文案：

> 「星火计划」启动会发言稿
>
> 各位同事：
>
> 今天，我们齐聚于此，正式启动 2024 年最具挑战性的战役——星火计划！
>
> 为什么叫"星火"？
>
> 因为星星之火，可以燎原。这次的新品推广，不仅是销售目标，更是我们品牌在智能办公领域抢占用户心智的关键一战！
>
> 三大核心任务：
>
> （1）速度：3 个月内覆盖 1000 家企业客户。
> （2）创新：用 AI 工具实现精准触达（如 DeepSeek 客户分析模块）。
> （3）协作：销售、市场、技术"铁三角"每日同步进度。
>
> 最后分享一句话：
>
> "一个人可以走得快，一群人才能走得远。"公司已为项目配置顶级资源，接下来，看你们的了！
>
> 预祝"星火"燎原，首战告捷！🚀

同样地，在 WPS 灵犀中，只要在快速创作中选择"工作"类的文档，就可以让 AI 工具快速写出工作汇报、工作计划、发言稿、群发公告了，如图 5.3 所示。

例如，要生成一个"让奶茶店一个月内突破 50 万元销售额"的工作计划，就可以直接单击工作计划并输入要实现的目标，如图 5.4 所示。

第 5 章　AI 智能文档创作

全部　学习教育　**工作**　营销　回复
工作汇报　　　　工作计划　　　　发言稿　　　　群发公告
一键生成工作汇报　高效制定工作计划　撰写高水平发言稿　轻松搞定群发公告

← 快速创作　　　　　　　　　　　　　　　　　模板

输入你要撰写的主题

DeepSeek R1

图 5.3　WPS 灵犀快速创作工作类文案

让奶茶店一个月内突破50万元销售额

奶茶店月销50万元工作计划

一、现状分析

目前奶茶店每日平均销售额为 8000 元左右，月销售额约 24 万元。主要客源为周边写字楼上班族、学校学生以及逛街散客。产品方面，经典奶茶销量稳定，但缺乏新颖爆款产品。营销活动主要为会员积分，形式单一，对新客户吸引力不足。店铺位置较为显眼，但店内空间较小，座位有限。

二、目标设定

在接下来的一个月内，将奶茶店销售额提升至 50 万元，日均销售额达到 1.67 万元左右。同时，提高店铺知名度和客户忠诚度，增加新客户数量 30%，老客户复购率提升 20%。

三、具体策略与计划

（一）产品优化与创新（第 1~5 天）

1. 市场调研
- 安排专人在周边商圈、学校等地发放问卷 300 份，收集消费者对奶茶口味、配料、价格等方面的需求和建议。
- 分析竞争对手的产品特色和优势，找出差异化竞争点。

2. 新品研发
- 研发团队根据市场调研结果，推出 2~3 款当季特色新品，如樱花草莓奶茶、抹茶红豆燕麦奶等。
- 对新品进行内部试喝和调整，确保口感和品质达到最佳。

3. 产品包装升级
- 设计更具吸引力和时尚感的奶茶杯贴、手提袋和吸管等，融入品牌元素和新品特色。

图 5.4　WPS 灵犀快速创作工作计划

生成的工作计划是一个长文档，可以根据提示直接保存为 Word 文档，如图 5.5 所示。从这个角度来看，使用 WPS 灵犀调用 DeepSeek 比起直接使用 DeepSeek 会更加方便。

图 5.5　WPS 灵犀生成工作计划后保存为文档

利用 WPS 灵犀的快速创作，还可以进一步写作文、写周记、写日记，也可以编写回复领导、回复伴侣、回复合作伙伴的文案。感兴趣的读者可以自己试一试，看看其是否能节省很多时间。

5.1.3　智能排版、全文总结

除了编写文案、编写文档之外，DeepSeek 还可以做智能排版、全文总结等工作。然而，考虑到文档编写的便利性，建议在 WPS 中使用这些功能。可以使用 WPS 灵犀，也可以使用 WPS 自带的 WPS AI 工具。

1. 智能排版

在 WPS 中单击 WPS AI 菜单，单击"AI 排版"按钮，开启"深度思考"，根据需要可以找到论文排版、公文排版，从"更多类型排版"中还可以找到合同协议、招投标文书等，如图 5.6 所示。不同的版式代表了不同的行文规范、字体字号、样式。

第 5 章　AI 智能文档创作

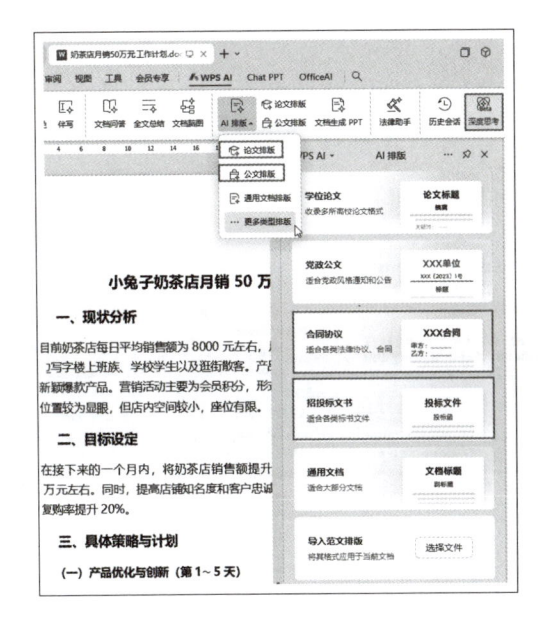

图 5.6　WPS AI 提供的智能排版

例如，将小兔子奶茶店的工作计划按照"合同协议"样式排版，WPS 会自动添加文件头，并应用黑体、仿宋等字体方案，用户可以确认方案并应用到文件，再根据自己的需要进行微调，如图 5.7 所示。

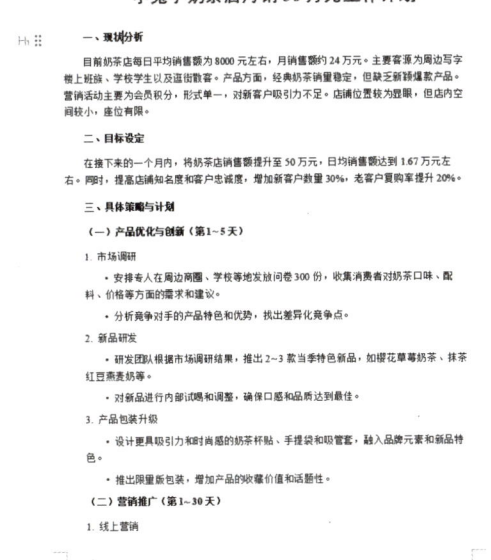

图 5.7　WPS AI 按照"合同协议"样式智能排版

2. 全文总结

在 WPS AI 菜单下，还可以针对当前编辑的文档进行全文总结，这个操作会归纳当前文件，把文件中的核心要点给列出来，用户不需要通读全文就能够快速获得总结的结果，如图 5.8 所示。

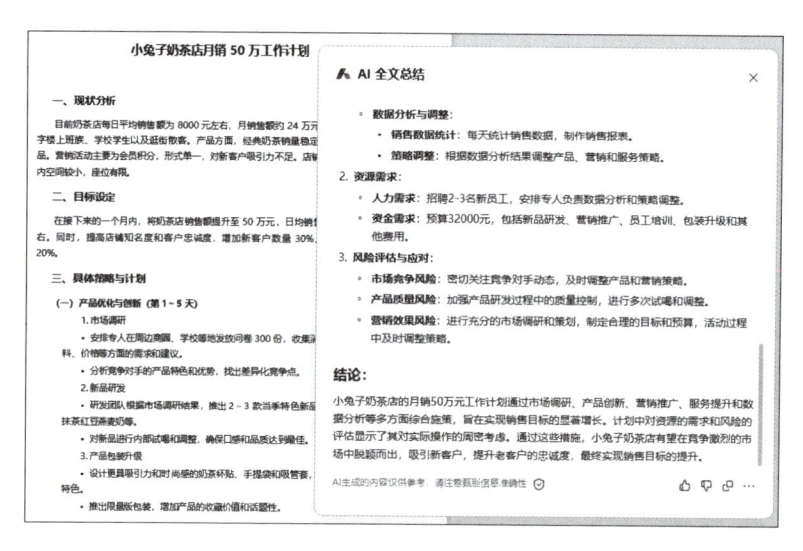

图 5.8　WPS AI 全文总结

除了这些功能之外，在 WPS 中还可以使用 WPS AI 的润色功能，来实现对文件内容的语言风格切换，可以选择的风格包括更正式、更活泼、更学术、党政风、口语化；也可以一键实现续写、扩写、缩写等文本改编功能；还可以单击"文档问答"按钮来实现交互等，如图 5.9 所示。这些功能大家都可以逐个去尝试，本书中不再赘述。

图 5.9　WPS AI 智能化创作及排版

5.1.4　AI 图片生成

网页版 DeepSeek 目前还不支持生成图片，但是可以借助 DeepSeek 生成的图片描述或 Python 脚本来间接生成图片。以使用 Python 为例，需要具备 Python 运行环境。

1. 安装 Python 环境

以 Windows 11 操作系统为例，需要先访问 Python 官网，下载最新版的安装文件 python–3.x.x–amd64.exe，右击该安装文件，选择"以管理员身份运行"命令。安装过程中，手动选择 pip、py launcher 选项，再勾选 Add Python to environment variables（重要！否则需要手动配置环境变量），如图 5.10 所示，其他步骤采用默认设置即可。

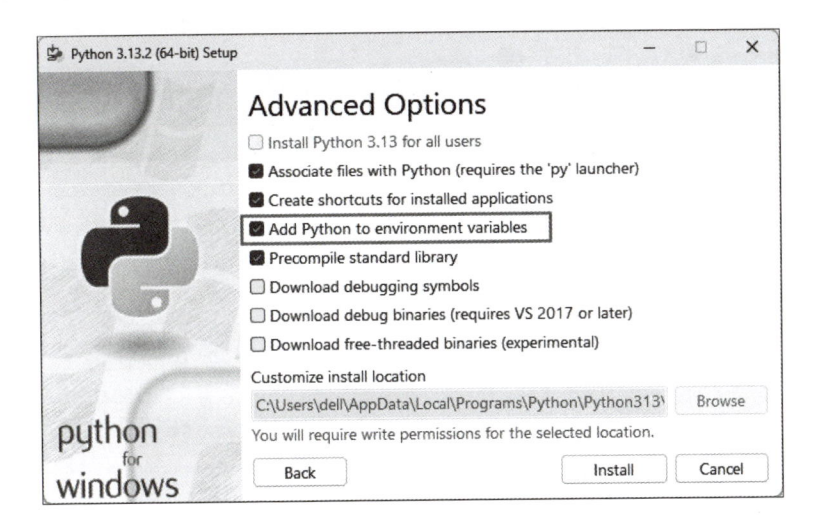

图 5.10　在 Windows 11 操作系统中安装 Python 3.13

安装完毕后，建议重启一次 Windows 操作系统，让环境变量生效。运行 CMD 命令，检查 Python 命令工具的版本，并安装好 Matplotlib 库。

```
C:\Users\dell>python --version
Python 3.13.2

C:\Users\dell>pip install matplotlib
.. ..
Requirement already satisfied: python-dateutil>=2.7 in c:\users\dell\appdata\local\programs\python\python313\lib\site-packages (from matplotlib) (2.9.0.post0)
Requirement already satisfied: six>=1.5 in c:\users\dell\appdata\local\programs\python\python313\lib\site-packages (from python-dateutil>=2.7→matplotlib) (1.17.0)
```

2. 利用 DeepSeek 生成的绘图代码制作图片

示例：根据表格数据制图

用户输入：

2023年京津冀地区—餐饮营收统计

序号	省/市	餐饮营收/亿元
1	北京	1314.6
2	河北	1304.5
3	天津	1015.25

——请根据这个表格的数据，制作饼状图，提供用于制作图片的Python代码。

DeepSeek 输出：

```python
import matplotlib.pyplot as plt
plt.rcParams['font.sans-serif'] = ['SimHei']  # 设置黑体
plt.rcParams['axes.unicode_minus'] = False    # 解决负号显示问题

# 数据准备
provinces = ['北京', '河北', '天津']
revenues = [1314.6, 1304.5, 1015.25]
colors = ['#ff4d4d', '#3399ff', '#ffcc33']  # 红、蓝、黄
explode = (0.05, 0, 0)  # 突出显示北京

# 计算百分比
total = sum(revenues)
percentages = [f'{r/total*100:.1f}%' for r in revenues]
labels = [f'{p}\n{r}亿元 ({s})' for p, r, s in zip(provinces, revenues, percentages)]

# 创建饼图
plt.figure(figsize=(10, 8))
plt.pie(revenues,
        explode=explode,
        labels=labels,
        colors=colors,
        autopct='%1.1f%%',
        startangle=90,
```

```
            textprops={'fontsize': 12, 'fontfamily': 'Microsoft YaHei'},
            wedgeprops={'edgecolor': 'white', 'linewidth': 1})

# 添加标题
plt.title('2023年京津冀地区餐饮营收占比',
          fontsize=16,
          fontweight='bold',
          pad=20)

# 显示图形
plt.tight_layout()
plt.show()

# 保存图片（可选）
# plt.savefig('京津冀餐饮营收.png', dpi=300, bbox_inches='tight')
```

复制这段代码，保存为 C:\MyData\TEDU\imageGen.py 文件，然后再回到 CMD 命令行窗口；使用 Python 运行这个文件，如图 5.11 所示，就可以看到生成的图片了。如果图片没有问题，可以单击图片下方的保存按钮，将图片保存下来。

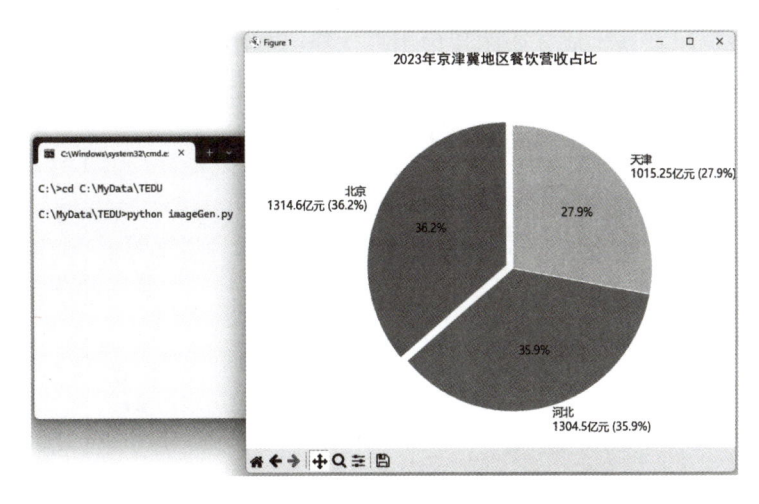

图 5.11　Python 通过 Matplotlib 库绘制的图片

需要注意的是，如果图片的中文标题或图片中的其他汉字显示为方框，则可以在 Python 脚本前面添加以下代码，以实现对中文的正常支持（Matplotlib

库默认使用英文字体）。

```
plt.rcParams['font.sans-serif'] = ['SimHei']    # 设置黑体
plt.rcParams['axes.unicode_minus'] = False      # 解决负号显示问题
```

3. 使用 WPS 灵犀生成图片

使用 WPS 灵犀，也可以利用"生成图像"功能来制作图片，如图 5.12 所示。

图 5.12 "生成图像"功能

例如，用户输入：

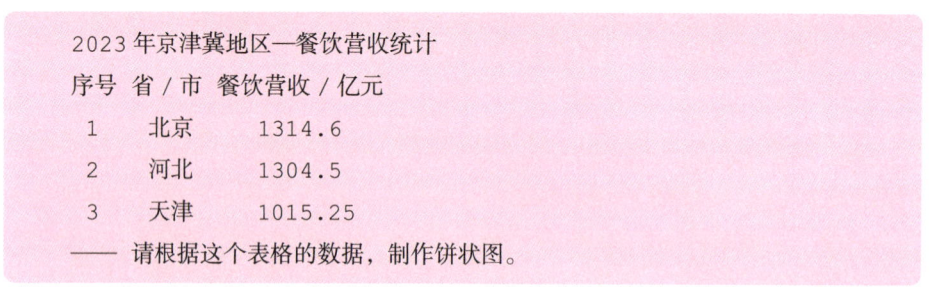

2023 年京津冀地区—餐饮营收统计
序号　省 / 市　餐饮营收 / 亿元
　1　　北京　　1314.6
　2　　河北　　1304.5
　3　　天津　　1015.25
——请根据这个表格的数据，制作饼状图。

WPS 灵犀默认生成 4 张图片供用户选择，如图 5.13 所示。

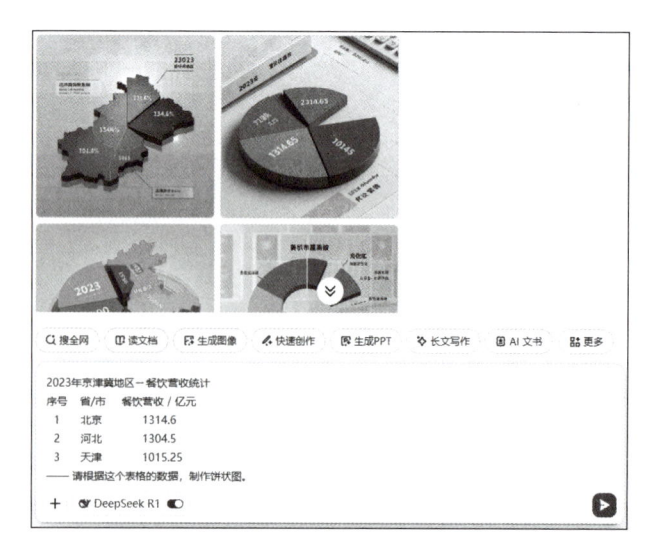

图 5.13　WPS 灵犀生成的图片

在 AI 生成的图片中，如果涉及汉字，可能会显示为乱码，这可能因为训练数据中的汉文字样本不足、生成模型对汉字的处理能力有限、字体支持等多种因素影响导致。因此，使用 WPS 灵犀时，适合生成没有汉字的图片。例如，用户输入：

> 包含外星人、柳树、小猫、飞船，一张科幻风格的画。

WPS 灵犀生成的图片如图 5.14 所示，可以从中选用一张。如果不满意现有的图片，也可以增加描述、变更需求。

图 5.14　WPS 灵犀生成的无字图片

5.2　AI + PPT 智能生成

AI 技术也正在逐渐改变 PPT 的制作流程，从内容生成到视觉设计都可以借助 AI 工具，实现全链路的智能化。大多数的 AI 工具都支持"一句话生成 PPT"，智能配图、AI 图标素材调用，以及根据给定的图片智能化匹配文案，也支持文档生成 PPT、大纲生成 PPT 等。

5.2.1　一句话生成 PPT

"一句话生成 PPT"是指通过自然语言指令自动生成完整的 PPT 框架，包括标题页、目录、章节页、内容页和总结页。在紧急会议准备、行业研究报告初稿制作、学生课题汇报等场景下，都可以用到"一句话生成 PPT"。这里所说的一句话，通常是 PPT 的标题或要讲述的内容，AI 工具会自动对这一句话进行智能分析，自动得出 PPT 框架，然后生成对应的 PPT 文件。

1. 使用 WPS 灵犀生成 PPT

在 WPS 灵犀交互界面中单击"生成 PPT"按钮，就可以快速"一句话生成 PPT"，如图 5.15 所示。

图 5-15　WPS 灵犀的"生成 PPT"入口

输入要制作 PPT 的主题作为提示词：跟我学炒菜系列——秘制可乐鸡翅，如图 5.16 所示。

图 5.16　为一句话 PPT 指定提示词

第 5 章 AI 智能文档创作

2. 使用 WPS 灵犀生成 PPT 框架

WPS 灵犀会自动分析主题，并生成 PPT 框架，如图 5.17 所示。如果认为 PPT 框架有问题，可以补充更多内容、修改提示词；如果认为 PPT 框架没问题，可以单击"挑选 PPT 模板"按钮进入下一步。

图 5.17　使用 WPS 灵犀生成 PPT 框架

3. 为 PPT 选择模板

接下来可以选择一款喜欢的 PPT 模板，然后再单击右上方的"生成 PPT"按钮，如图 5.18 所示。

图 5.18　选择 PPT 模板

4. 完成 PPT 的智能生成

WPS 灵犀会自动进入生成 PPT 的过程，等待几分钟后，一份 20 多页的 PPT 就自动生成了，如图 5.19 所示。接下来可以单击"下载"按钮下载这一份 PPT，并基于现有的 PPT 页面内容继续编辑。

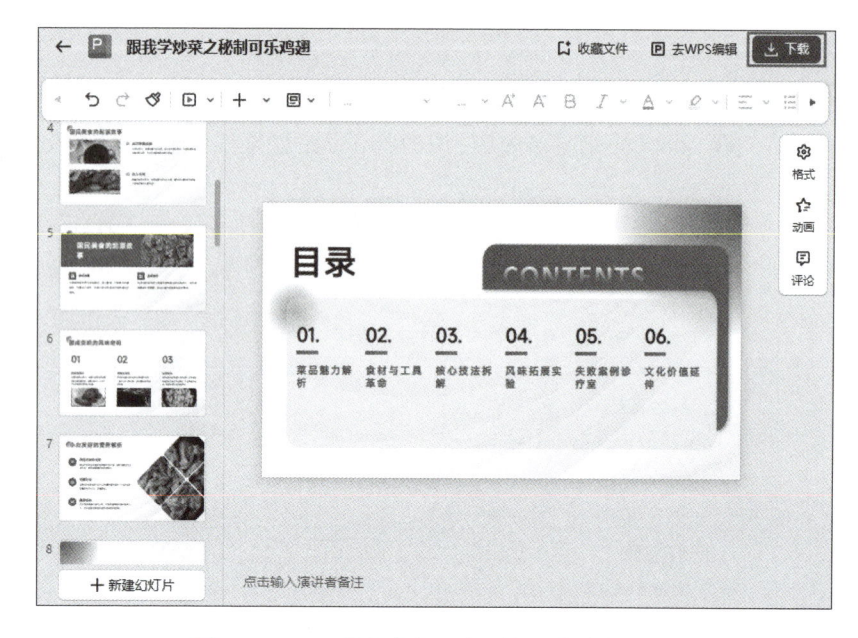

图 5.19　WPS 灵犀根据一句话标题生成的 PPT

WPS 灵犀的"一句话生成 PPT",实现了从一个标题到数十个页面的智能转换,其中的思考分析、PPT 生成过程都由 AI 来智能完成,用户只需在其中的关键步骤作出选择即可,剩下的过程都是全自动的,为用户节省了大量的时间,可以极大地提高工作效率。

上述操作也可以在 WPS 中通过选择 WPS AI 菜单下的"AI 生成 PPT"→"主题生成 PPT"命令来完成,如图 5.20 所示。

图 5.20　使用 WPS AI 菜单下的"AI 生成 PPT"

AI 根据一句话生成的 PPT,其设计风格和布局有可能与公司的品牌形象不一致,还需要进一步调整颜色、字体和图片等元素,手动添加详细的图表、市场分析数据等,以使 PPT 更符合实际需求。

5.2.2 智能配图及图标调用

在制作职场办公PPT的过程中，如何为PPT页面搭配合适的图片，往往是很多人纠结的地方，也往往是需要大量时间来挑选、对比的环节。有了AI工具以后，这个工作也变得简单起来。WPS演示软件可以实现智能配图，能够分析页面内容并作出智能推荐，当然也可以提供大量现成的图片、图标素材供用户直接选用。

1. 直接使用WPS图库、图标库

在WPS演示软件中，如果要用现成的图库，可以选择"插入"→"图片"命令，然后搜索想要的图片（如"会议室"），如图5.21所示。

图 5.21　使用WPS图库

可以选择"插入"→"图标"命令，然后搜索想要的图标（如"循环箭头"），如图5.22所示。

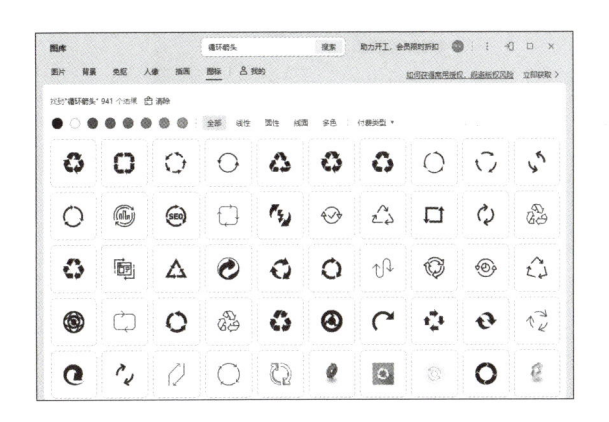

图 5.22　使用WPS图标库

用户也可以直接单击上方的"图片""背景""人像""插画""图标"标签来按类别选取图片或图标，这样就能很快找到自己需要的资源。

2. 为PPT智能配图

当在图库、图标库找不到想要的资源时，还可以利用AI功能智能生成图片。选择"插入"→"图片"→"AI生成图片"命令，就可以提供一段图片描述用于生成图片，如"金黄色的可乐鸡翅正在锅里烹制"，如图5.23所示。选择WPS AI→"AI生成图片"命令，也可以打开此界面。

图 5.23　WPS AI 智能配图

选中一张生成的图片，就可以把这张图片直接插入PPT中。

通过使用WPS图库、图标库，以及利用WPS AI智能生成图片，基本上解决了PPT中使用图片的焦虑问题。

5.2.3　为图片配文案

WPS演示软件还支持为图片智能配文，这取决于AI工具对图片的视觉

第 5 章 AI 智能文档创作

理解，能够识别图片主体元素（如会议室场景→"团队协作"关键词）；也可以对数据图自动提取关键数据生成结论；对概念图用比喻手法解释抽象概念等。

使用 WPS 灵犀时，先单击左下方的"+"按钮上传一张图片，再编写提示词指明需要 WPS 灵犀做的事情，如图 5.24 所示，即可为图片配置文案。

图 5.24　WPS 灵犀图文匹配

用户可以直接使用 AI 生成的故事，也可以补充其他条件后重新生成故事，如图 5.25 所示。

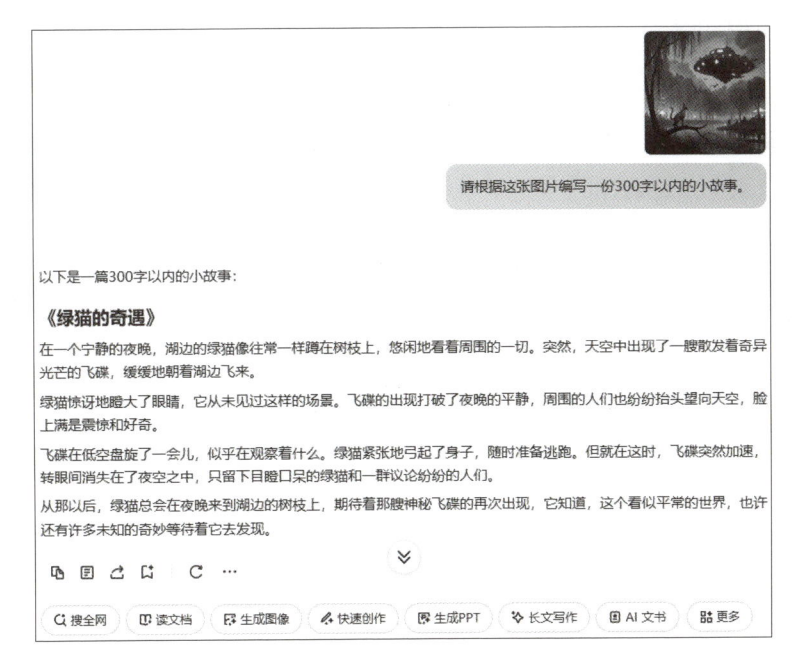

图 5.25　WPS 灵犀图文匹配—写故事

例如，把写故事改成写图片标题，如图 5.26 所示，再发送一段提示词。WPS 灵犀会生成几个标题，选择一个合适的即可。

图 5.26　WPS 灵犀图文匹配—写标题

　　WPS 灵犀为图片智能配文案，能够显著提升图文结合效率。这个工具通过 AI 算法快速解析图片内容，精准提炼视觉焦点与核心信息，自动生成简洁有力的标题、说明或场景化文案，适配营销海报、社交媒体、工作报告等多样化需求，大大降低了创作门槛，是提高工作效率的得力助手。

5.2.4　文档生成 PPT、大纲生成 PPT

　　在制作 PPT 时，"一句话生成 PPT"实现了从无到有的智能生成，这个过程提供了一个快速的起点，但是离用户的真正需求往往相差甚远。例如，假设用户输入"介绍公司年度业绩"，AI 可能会生成一个包含"公司概况""年度财务数据""市场表现"和"未来展望"等部分的 PPT，多了很多泛泛的内容。因此，如果有现成的文档，或者现成的 PPT 大纲，在这个基础上再生成 PPT 可能更加准确。

1. 文档生成 PPT

　　WPS 演示软件支持从 Word 文档或思维导图快速生成 PPT。单击 WPS AI 菜单下的"文档生成 PPT"按钮，可以快速打开从文档生成 PPT 的向导对话框，如图 5.27 所示。

图 5.27　WPS AI 文档生成 PPT

以使用文档"小兔子奶茶店月销50万元工作计划.docx"为例，可以单击"选择文档"按钮，正确选择指定的文件，接下来选择"智能润色"→"确认/修改大纲"命令并适当进行修改。在这个环节中，可以对WPS AI智能分析生成的PPT大纲进行修改，包括各种文字都可以做变更，如图5.28所示。

图5.28　文档生成PPT—确认/修改大纲

接下来选择PPT模板，如图5.29所示，单击不同的模板后在左侧可以看到预览效果。最后，单击右下方的"创建幻灯片"按钮即可生成PPT。

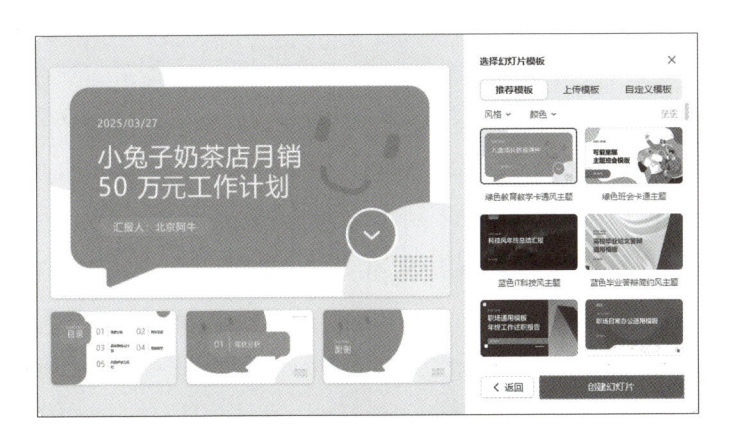

图5.29　文档生成PPT—挑选模板

"文档生成 PPT"这种方式要求先有现成的文档，WPS AI 会自动归纳文档并提取 PPT 大纲，然后再基于文档内容智能润色生成 PPT。基于文档中的长段落，AI 自动精简文字为要点式表述，避免了人工梳理的碎片化问题，也大大提高了整理 PPT 文档的工作效率。

2. 大纲生成 PPT

这种方式与"文档生成 PPT"类似，不过只要求先有大纲，没有完整的文档也能完成任务。这种方式生成 PPT 的准确性在"一句话生成 PPT"与"文档生成 PPT"之间，也能自动填充 PPT 内容。

单击 WPS AI 菜单下的"大纲生成 PPT"按钮，然后复制准备好的大纲，粘贴进对话框内，再单击右下角的"开始生成"按钮，如图 5.30 所示。

图 5.30　大纲生成 PPT

后面依次也是确认 / 修改大纲、生成 PPT，过程与"文档生成 PPT"类似，只不过这里的大纲不是根据文档总结的，而是由用户直接提供的。

通过合理使用 AI 工具，PPT 制作正从"劳动密集型"工作转向"战略创意型"工作，充分释放创作者的核心价值。在职场办公中，制作 PPT 时可以从结构化的内容入手，逐步尝试 AI 功能，从"一句话生成 PPT"，到"文档生成 PPT"或"大纲生成 PPT"，初期可保留 20% 的人工优化空间以确保专业性。

5.3 AI + 表格助手

职场办公中的表格处理一直是令职场人比较头疼的一项工作。AI 出现以后，也帮助职场人减轻了很多工作负担。从基础建表到复杂分析，都可以利用 AI 工具来自动完成。

5.3.1 AI 快速建表

若是对表格的创建不是很熟练，那么在使用 WPS 表格时，WPS AI 就可以很好地提供帮助。打开 WPS 表格软件，单击 WPS AI 菜单下的"快速建表"按钮，填写提示词"一张初中三年级学生的课程表。"，WPS AI 就可以立即自动生成一张课程表出来，如图 5.31 所示。

图 5.31　WPS AI 的快速建表

若要对这张课程表进行美化，直接输入"美化这张表格"，就可以自动完成表格的首行填充、隔行填充、字体设置等，从而获得一张更加美观的表格，如图 5.32 所示。

还可以通过提示词来提供更准确的描述，如"帮我创建一份'××超市商品销售记录表'，包括日期、产品名称、销量、单价（元）、总销售额这 5 列，为这张表格填入 10 条样品数据。"，以让 WPS AI 生成更准确的表格、填入样品记录，如图 5.33 所示。

图 5.32　WPS AI 的美化表格操作

图 5.33　WPS AI 快速建表的准确操作

利用 WPS AI 的快速建表功能，可以通过自然语言向 WPS AI 描述需求，AI 会自动生成结构化表格，包括表头、数据类型、示例数据等。这样可以节省大量手动操作的时间，从而提高效率。

5.3.2　AI 写公式、条件格式

WPS AI 在处理表格时，支持自动编写公式。单击 WPS AI 菜单下的"AI 写公式"按钮并填写提示词"计算这个表格中所有商品的总销售额。"，公式就自动带出来了，用户只需确认即可，如图 5.34 所示。

图 5.34　WPS AI 写公式—简单

复杂的公式也可以用 WPS AI 来生成，如填写提示词"计算所有商品中水果的总销售额，不是水果的不算。"，就可以计算出水果的总销售额，公式也是自动带出来的，如图 5.35 所示，用户根据实际情况确认即可。

图 5.35　WPS AI 写公式—复杂

条件格式也可以用 WPS AI 来完成，单击 WPS AI 菜单下的"AI 条件格式"按钮并填写提示词"总销售额超过 1000 元的用红色突出显示。"，提交后即可看到预览效果，如图 5.36 所示，如果没有问题可以直接确认。

图 5.36　WPS AI 条件格式

利用 WPS 的 AI 写公式、AI 条件格式功能，可以显著提高表格（Excel、WPS 表格）的使用效率和数据可视化能力。用户不需要记忆或编写复杂的公式，就能完成表格中的公式计算；也能通过自然语言表示条件格式，完成 VLOOKUP 嵌套、数组公式、高级函数等复杂的表格应用。

5.3.2　AI 数据分析

针对 Excel 或 WPS 表格数据，WPS 还提供了进一步的 AI 数据分析功能。以表 5.1 中的数据为例，来看一下简单的数据分析操作。

表 5.1　2024 年京津冀地区—餐饮营收统计

序　号	省/市	餐饮营收/亿元
1	北京	1314.6
2	河北	1304.5
3	天津	1015.25

第 5 章　AI 智能文档创作

只要单击 WPS AI 菜单下的"AI 数据分析"按钮，即可打开"AI 数据分析"窗口，如图 5.37 所示。

图 5.37　WPS AI 的数据分析功能

单击"快速解读表格内容"按钮，WPS AI 会解读表格数据，并给出汇总的摘要信息，如图 5.38 所示。

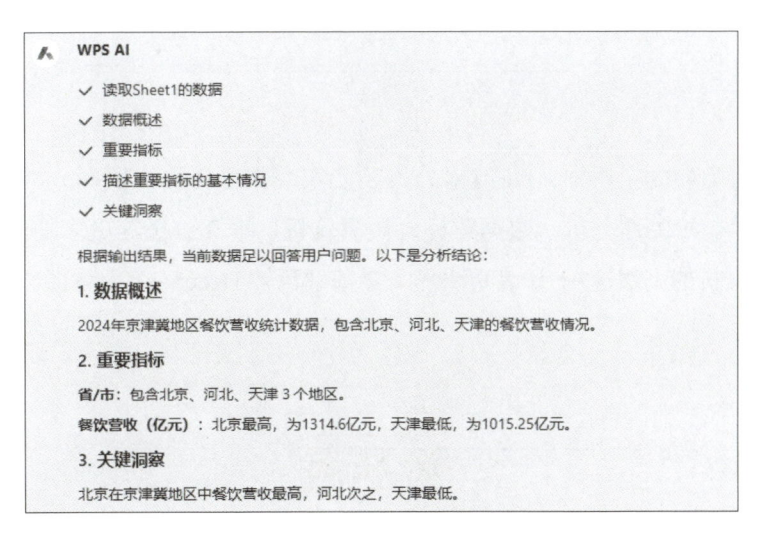

图 5.38　WPS AI 快速解读表格内容

用户也可以进一步列出柱状图排名，如图 5.39 所示。另外，还可以进一步进行其他数据分析。

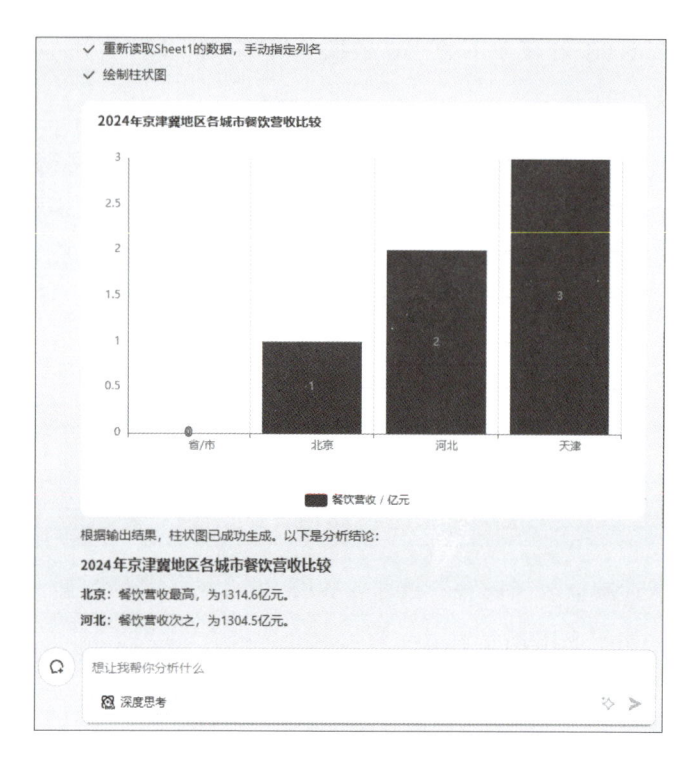

图 5.39　WPS AI 数据分析排名

在职场高级应用中，AI 数据分析还能实现数据清洗、数据分类与标记、数据统计、相关性分析、数据建模、预测分析、聚类分析等更多功能。关于 AI 数据分析的高级应用，读者可参考《零基础玩转 DeepSeek：秒懂数据分析》这一本书。

练 习 题

1. 职场办公应用中，AI + 文档创作可以完成（　　）功能。

　　A. 智能编写短文案　　　　　　B. 智能排版

　　C. 全文总结　　　　　　　　　D. 智能编写长文案

2. 利用 AI + PPT 智能生成时，（　　）是最简单的方式。

　　A. 大纲生成 PPT　　　　　　　B. 文档生成 PPT

　　C. 一句话生成 PPT　　　　　　D. PPT 智能配图

3. 利用 AI + 表格处理时，（　　）功能可以根据自然语言描述来自动编写出复杂的公式。

　　A. AI 快速建表　　B. AI 写公式　　C. AI 条件格式　　D. AI 数据分析

4. 职场办公场景下，若要利用 DeepSeek 的文生图功能，最快捷的是选择（　　）方式。

　　A. 执行 Python 绘图代码　　　　B. WPS 灵犀

　　C. WPS 演示　　　　　　　　　D. 其他软件

5. 职场办公场景下，若要为图片匹配标题文案，可以使用（　　）。

　　A. WPS 灵犀　　B. WPS 演示　　C. WPS 文字　　D. WPS 表格

参考答案：

1. ABCD　2. C　3. B　4. AB　5. A

第3篇
AI在职业场景中的应用

第 6 章　通用业务场景

> **本章目标：**
> - 学会利用 DeepSeek 实现会议管理。
> - 学会利用 DeepSeek 实现智能邮件管理。
> - 学会利用 DeepSeek 完成基本的项目管理任务。

6.1　会议管理

基于 DeepSeek 智能化协助职场办公时，会议管理领域的应用主要体现在会前准备、会中辅助、会后整理这三大环节，覆盖全流程的智能化支持。会前环节主要是会议议程的智能化规划和部署、编写会议通知；会中环节是辅助讨论、会议记录；会后环节是会议纪要整理、核心要点总结。

6.1.1　DeepSeek 生成会议议程

在会议筹备过程中，一份清晰、完整的议程是高效沟通的关键。传统的人工议程制定容易遗漏关键议题或时间分配不均，而 DeepSeek 凭借强大的自然语言处理能力，能够根据会议目标自动生成结构化议程，确保会议流程顺畅、议题覆盖全面。

场景 1：新员工入职培训会议

人力资源部门需要为新员工安排一场 2 小时的入职培训会议，涵盖公司文化、规章制度、IT 系统使用等内容。

操作步骤如下所述。

1. 提供关键提示词

用户输入："请生成一份 2 小时的新员工入职培训会议议程，包含公司介绍、考勤制度、IT 系统培训、Q&A 环节。"

2. DeepSeek 生成议程

DeepSeek 输出：

- 开场（10 分钟）：欢迎致辞 & 公司简介
- 公司文化（20 分钟）：核心价值观、团队架构
- 考勤制度（15 分钟）：打卡规则、请假流程
- IT 系统培训（30 分钟）：邮箱、OA、VPN 使用
- Q&A（20 分钟）：自由提问
- 总结（5 分钟）：下一步安排（领取设备、导师对接）

使用 DeepSeek 生成会议议程的优势在于避免培训内容遗漏，使时间分配更加合理。

场景 2：产品推广策略会议

市场部计划召开"当季产品推广策略会"，需要明确讨论议题和时间分配。操作步骤如下所述。

1. 提供关键提示词

用户输入："生成一份 1 小时的产品推广会议议程，包含竞品分析、渠道优化、预算分配 3 个核心议题。"

2. DeepSeek 生成结构化议程

DeepSeek 输出：

- 开场（5 分钟）：目标说明
- 竞品分析（20 分钟）：近期市场动态与应对建议
- 渠道优化（20 分钟）：社交媒体与线下活动方案
- 预算分配（10 分钟）：各部门资源协调
- 总结（5 分钟）：下一步行动计划

使用 DeepSeek 生成会议议程的优势在于避免遗漏关键议题，节省手动整理时间。

相比人工准备，DeepSeek 协助会议议程安排会更加全面，自动补全容易被忽视的环节（如开场破冰、总结跟进）；也更加高效，能够在 1 分钟内生成专业议程，节省组织者 70% 以上的筹备时间；在内容部署上也更加智能，能够基于历史会议数据学习优化，适配不同会议类型（评审会、脑暴会、周例会等）。

6.1.2　DeepSeek 编写会议通知

DeepSeek 可以快速生成标准化邮件、消息，确保信息清晰传达，还可以

分析日程冲突，从而推荐最佳会议时间。特别是对于一些紧急的会议，当会议发起人没有太多的时间来准备会议通知时，DeepSeek 就可以发挥作用了。

场景1：系统故障协调会

技术部需要紧急召集跨部门协调会以解决系统故障，需要快速发送邮件通知。操作步骤如下所述。

1. 提供关键提示词

用户输入："会议主题：系统故障修复协调；时间：明天 10:00 — 11:00；参会人：研发、运维、测试团队负责人；地点：线上（腾讯会议链接）。"

2. DeepSeek 生成通知

DeepSeek 输出：

> 主题：【紧急会议】5月20日10:00系统故障修复协调会
> 内容：
> 各位同事：
> 因生产环境突发故障，现定于明日10:00—11:00召开跨部门协调会，请研发、运维、测试团队负责人准时参加。
> 会议链接：×××
> 备注：请提前查阅故障报告（附件）。

使用 DeepSeek 生成通知的优势在于可以10秒钟生成专业通知，避免格式错误或信息缺失。

场景2：客户项目紧急沟通会

由于客户临时调整需求，项目经理需要紧急召集销售、产品、技术三方开会讨论应对方案。

操作步骤如下所述。

1. 输入关键提示词

用户输入：

> 会议主题：客户 ×× 项目需求变更紧急沟通
> 时间：今日 15:00—16:00
> 参会人：销售部 Lisa、产品部 Mike、技术部 David
> 形式：线上（Teams 会议链接：×××）
> 备注：请提前查阅客户最新需求文档（附件）。

2.DeepSeek 生成通知：

DeepSeek 输出：

> 主题：【紧急】客户××项目需求变更沟通会（今日 15:00）
> 内容：
> 各位同事：
> 客户××项目需求有重大调整，现定于今日 15:00—16:00 召开紧急会议，请销售部 Lisa、产品部 Mike、技术部 David 准时参加。
> 会议链接：Teams［点击加入］
> 会前准备：请查阅附件中的最新需求文档，并准备好您的建议。

使用 DeepSeek 生成通知的优势在于可以 1 分钟生成正式通知，确保信息清晰、紧急程度明确。

在快节奏的工作场景中，DeepSeek 不仅能高效生成标准化的会议通知、智能协调参会者时间，还能在紧急情况下迅速完成会议筹备，让组织者不再因琐碎事务分心。无论是常规例会还是突发性临时会议，DeepSeek 都能帮助团队减少沟通成本、提升协作效率，真正实现"智能会议管理"。

6.1.3 DeepSeek 整理会议纪要

会议结束并不意味着工作完成，高效的会后跟进工作才是确保决策落地的关键。DeepSeek 能够自动化处理会后烦琐的整理工作，帮助团队快速聚焦行动项，避免信息遗漏或执行偏差。会议结束后的主要工作包括从录音或笔记中提取结论、行动项、责任人及截止时间，也包括待办事项同步、自动生成任务列表，以及将会议内容分类存档，支持后续检索。

场景 1：项目复盘会

项目复盘会议讨论内容繁杂，需要快速提炼行动项。

操作步骤如下所述。

1. 上传内容

上传会议录音或杂乱笔记至 DeepSeek。

2. DeepSeek 输出结构化纪要

DeepSeek 输出：

> - 关键结论：UI 改版延期 2 周（原因：设计资源不足）
> - 待办事项：
>   张伟 5 月 25 日前协调补充设计师（优先级：高）
>   李娜 5 月 22 日提交新版风险评估

> – 后续会议：5 月 28 日 14:00 进度同步会

使用 DeepSeek 整理会议纪要的优势在于避免人工记录偏差，重点信息一目了然。

场景 2：产品迭代评审会

产品团队召开月度迭代评审，讨论 5 个新功能的优先级，但讨论过程冗长，需要快速整理决策结果。

操作步骤如下所述。

1. 输入录音或笔记（摘要）

用户输入：

> – 功能 A（高优先级）：技术可行，需要 UI 优化，负责人：王磊，截止：6 月 10 日
> – 功能 B（暂缓）：依赖第三方接口，风险高
> – 功能 C（中优先级）：用户反馈强烈，需要市场部配合推广

2. DeepSeek 输出结构化纪要

DeepSeek 输出：

> ** 会议结论 **：
> – ** 通过 **：功能 A（高优）、功能 C（中优）
> – ** 暂缓 **：功能 B（风险高）
>
> ** 行动计划 **：
> ① 王磊 ｜ 6 月 10 日前完成功能 A 的 UI 优化
> ② 市场部 ｜ 6 月 15 日前提供功能 C 的推广方案
>
> ** 下次评审会 **：6 月 20 日 14:00

使用 DeepSeek 整理会议纪要的优势在于自动提取关键结论，避免人工整理偏差，便于后续追踪。

在传统会议管理中，组织者往往需要在议程制定、会议记录、任务分配等重复性工作上投入大量时间，不仅效率低下，还容易因人为疏忽导致信息遗漏或执行偏差。而通过 DeepSeek 的 AI 智能会议管理方案，企业能够将这一"人力密集型"流程彻底升级为"AI 驱动型"模式，整体效率提高 60% 以上，尤其适合会议量大、协作复杂的团队。

6.2 智能邮件写作

DeepSeek 可大幅优化职场邮件写作流程，覆盖商务邀请、表彰信、中英互译等高频场景，帮助用户 10 秒内生成专业邮件，避免语法错误、风格不当等问题，在邮件领域发挥着重要的作用。

6.2.1 商务邀请函邮件

商务邀请函是职场正式沟通的重要形式，用于邀请外部客户、合作伙伴或内部高层参与重要的商务活动。在编写商务邀请函邮件时，一方面要注意体现企业的专业形象、措辞要严谨规范，另一方面要明确邮件的目的，清晰传达活动价值与参会者利益，包含完整的要素［时间、地点、议程、CTA（call to action，行动号召）］。

CTA 是指明确引导收件人采取下一步行动的提示，通常包含具体的操作指令或联系方式，其核心作用是减少对方决策成本，提高响应率。商务邮件中的 CTA 见表 6.1。

表 6.1 商务邮件中的 CTA

类　型	适用场景	示　例
链接/按钮	线上活动注册、资料下载	点击报名
联系方式	需人工确认的高端活动	"请于 6 月 20 日前联系张经理：138-××××-××××"
时间节点	强调截止时间	"席位有限，请于本周五前回复确认"
附件指引	补充材料查阅	"详见附件议程，请提前准备讨论议题"

场景 1：行业峰会邀请客户

邀请重要客户参加公司主办的"AI 技术峰会"，需要体现专业性和诚意。操作步骤如下所述。

1. 输入提示词

用户输入：

> 写一封商务邀请邮件，邀请客户参加我司 6 月 15 日在上海举办的"2025 AI 技术峰会"。
> 主题是"生成式 AI 的商业化应用"，含晚宴交流。
> 对方公司：××科技，联系人：张总。

2. DeepSeek 输出结果

DeepSeek 输出：

> 主题：诚邀出席 2025 AI 技术峰会暨晚宴交流
>
> 尊敬的张总：
> 您好！
>
> 我司将于 2025 年 6 月 15 日（周日）在上海国际会议中心举办 "2025 AI 技术峰会"，主题为 "生成式 AI 的商业化应用"。届时将有行业领袖及技术专家分享前沿案例，并设有晚宴交流环节。
>
> 诚邀您拨冗出席，期待与 ×× 科技共探合作机遇。
> 附件为活动日程，报名链接：×××
>
> 顺颂商祺！
> ××× 公司 李经理
> 电话：×××

使用 DeepSeek 生成商务邀请函邮件的优势在于自动嵌入关键信息（时间、主题、CTA），风格正式且无冗余。

场景 2：合作方签约仪式邀约

邀请合作伙伴参加战略签约仪式，需要突出合作价值。

操作步骤如下所述。

1. 要求 DeepSeek 优化邮件内容

用户输入邮件内容，请求 DeepSeek 进行优化。

2. DeepSeek 输出优化后的结果

DeepSeek 输出：

> – 首段强调合作里程碑："值此 ×× 项目启动之际，诚邀您见证这一重要时刻。"
> – 结尾强化关系："期待以此为契机，深化双方长期共赢合作。"

使用 DeepSeek 优化邮件的优势在于使邮件行文风格更加严谨、正式，突出商务重点。

一封得体的商务邮件，在行业峰会、新品发布会、签约前期、战略合作启动会、董事长接待、标杆企业参访等活动场景下，都可以发挥积极的作用。

6.2.2 表彰信邮件

表彰信是职场中传递认可、激励团队、强化企业文化的重要沟通工具，适用于员工嘉奖、团队表扬、客户感谢等需要体现温度与专业性的场景。编写邮件正文时，员工嘉奖以突出员工贡献，增强归属感与成就感为主，起到在团队中树立标杆的作用；团队表扬用于来强化集体荣誉感，促进跨部门协作，注意将团队成果和企业战略挂钩；而客户感谢信要体现对合作方的重视，促进长期信任，强调共同成就，而非单方面的利益。

场景1：优秀员工季度表彰

表彰销售冠军王磊，需要激励团队并强调公司价值观。
操作步骤如下所述。

1. 输入提示词

用户输入：

> 写一封表彰邮件，表扬销售部王磊在Q2以超额150%完成业绩，并带动团队协作精神。发件人：CEO张总。

2.DeepSeek 输出结果

DeepSeek 输出：

> 主题：祝贺王磊荣获Q2销售冠军！
>
> 亲爱的团队：
>
> 我很高兴宣布，销售部王磊在第二季度以**超额150%**的惊人业绩夺得冠军！他不仅展现了卓越的个人能力，更主动分享经验，助力团队整体提升。
>
> 这完美体现了我司"客户至上，协作共赢"的价值观。
> 请全体同事以他为榜样，期待Q3再创辉煌！
>
> 张总
> CEO ｜ ×××公司

使用 DeepSeek 生成表彰信邮件的优势在于数据可视化（150%）且与企业文化绑定，可以提升感染力。

场景2：客户感谢信

感谢客户长期支持，需要传递个性化关怀。
操作步骤如下所述。

1. 要求 DeepSeek 优化邮件内容

用户输入提示词和邮件的内容，并要求 DeepSeek 对邮件内容进行优化。

2.DeepSeek 输出优化后的结果

DeepSeek 输出：

> – 定制化提及合作细节："感谢贵司在 ×× 项目中的高效配合，尤其在截止日前 48 小时的全力支持。"
>
> – 未来导向："期待在 2025 年数字化升级中继续携手共进。"

利用 DeepSeek 辅助编写表彰信，在数据量化、关联企业战略、情感表达、多风格适配等方面都能起到积极的作用。例如，"您的创新完美践行了我司'技术赋能服务'的理念""系统上线当天，您带领团队通宵保障的场景令人动容"，这些用词的丰富程度都比个人斟酌要来得快、效率更高。

6.2.3 邮件一键转英文

在全球化的商业环境中，即时、准确的双语沟通已成为跨国团队协作的基本要求。DeepSeek 的"邮件一键转英文"功能，专为国际化业务、离岸外包团队、跨境合作等场景设计，实现零延迟、零误差的跨语言信息传递。

场景 1：向海外团队同步项目进度

将中文周报邮件转为英文，发送给海外技术团队。

操作步骤如下所述。

1. 输入中文邮件原文，并请 AI 翻译成英文

用户输入：

> 本周 UI 改版已完成 80%，核心功能测试通过。但后端接口延迟问题需要美国团队协助排查，请于周五前反馈。

2.DeepSeek 输出英文结果

DeepSeek 输出：

```
The UI redesign is 80% completed this week, and core functionality tests passed.
However, the backend API latency issue requires assistance from the US team.
Please provide feedback by Friday.
```

使用 DeepSeek 将中文邮件转为英文邮件的优势在于保留技术术语，句式符合商务英语习惯。

场景2：客户询价回复

将中文报价单中的关键信息转为英文回复给客户。

操作步骤如下所述。

1. 上传内容

由用户上传中文报价单并提出自己的需求。

2. 由 DeepSeek 自动翻译关键指标

DeepSeek 输出：

> - 自动转换商务措辞："享受95折优惠" → Enjoy a 5% discount
> - 调整文化差异表达："期待合作" → We look forward to serving you

比起百度翻译、有道翻译等其他翻译工具，DeepSeek 翻译更加智能化。

对于跨国、跨部门的管理者、销售员、客户经理，以及广大非英语母语的职场人士来说，DeepSeek 翻译在效率与专业性方面的表现相当出色。DeepSeek 可以发挥高情商的商务沟通技巧，快速优化表达使其更符合英文书写风格，适应地道的英文表达，避免语言障碍。利用 DeepSeek 实现跨语言沟通，一方面可以规避格式、术语、文化差异的风险，另一方面也从"人工打磨"走向"AI 精确输出"，从而使工作效率更高。

6.3　项目管理

在快节奏的商业环境中，项目管理的高效执行直接影响企业的竞争力。DeepSeek 通过智能化技术，深度整合项目管理全流程，从任务规划、资源优化、进度监控、风险预警到报告生成，提供全方位的 AI 驱动解决方案，帮助团队减少人为误差、提升决策效率，并确保项目按时高质量交付。

6.3.1　项目计划与任务分解

在项目管理中，制订计划、拆解任务、估算时间和生成结构化文档是核心环节，直接影响项目的执行效率与成功率。DeepSeek 作为智能助手，能够通过自然语言交互、数据分析和模板化输出，大幅提升这些环节的精度和效率。

场景：制订××电商App开发项目的计划

操作步骤如下所述。

1. 输入提示词

用户输入：

> 为"开发一款电商App"项目制订详细计划，包括阶段划分、关键任务和里程碑，用甘特图格式输出。

2. DeepSeek输出结果

DeepSeek输出：

项目计划（甘特图格式）
项目名称：电商App开发
总周期：20周
关键角色：产品经理、UI/UX设计师、开发团队（前端/后端）、测试团队、运营团队
项目计划见表6.2。

表6.2 ××电商App开发项目计划

阶段	关键任务	负责人	开始时间	结束时间	里程碑
1.需求分析（2周）	1.1 用户调研与竞品分析	产品经理	第1周	第2周	需求文档（PRD）确认
	1.2 制定产品需求文档（PRD）	产品经理	第1周	第2周	
	1.3 核心功能优先级排序	产品经理	第2周	第2周	
2.UI/UX设计（4周）	2.1 绘制低保真原型图	UI/UX设计师	第3周	第4周	原型图评审通过
	2.2 高保真UI设计	UI/UX设计师	第4周	第6周	
	2.3 设计评审与修改	全体团队	第6周	第6周	设计定稿
3.开发（8周）	3.1 后端开发（API、数据库）	后端工程师	第7周	第12周	后端接口联调完成
	3.2 前端开发（用户端）	前端工程师	第9周	第14周	

续表

阶　　段	关键任务	负责人	开始时间	结束时间	里　程　碑
3. 开发 （8周）	3.3　支付系统集成	全栈工程师	第11周	第13周	后端接口联调完成
	3.4　第三方服务对接（物流）	后端工程师	第12周	第14周	开发完成，进入测试阶段
4. 测试 （3周）	4.1　功能测试（用例执行）	测试工程师	第15周	第16周	测试报告通过
	4.2　性能与安全测试	测试工程师	第16周	第17周	
	4.3　Bug修复与回归测试	开发团队	第17周	第17周	
5. 上线准备 （3周）	5.1　应用商店提交审核	运营团队	第18周	第18周	App Store/Google Play过审
	5.2　服务器压力测试	运维团队	第18周	第19周	
	5.3　营销材料准备	市场团队	第19周	第20周	
6. 正式上线	6.1　版本发布	全体团队	第20周	第20周	产品上线（V1.0）

关键里程碑如下：

▶ 第2周：产品需求文档（product requirements document, PRD）确认。

▶ 第6周：UI/UX设计定稿。

▶ 第14周：开发完成，进入测试。

▶ 第17周：测试通过，Bug修复完成。

▶ 第20周：正式上线（V1.0）。

可视化甘特图，如图6.1所示。

```
时间轴(周)    | 1  2  3  4  5  6  7  8  9 10 11 12 13 14 15 16 17 18 19 20
---------------------------------------------------------------------------
需求分析      |=====|
UI/UX设计    |      ========|
开发          |              ==================|
测试          |                                =====|
上线准备      |                                      ======|
正式上线      |                                              ↑
```

图 6.1　××电商 App 开发项目甘特图

补充说明如下：

▶ 并行任务：前端开发可在后端 API 初步完成后启动（第 9 周）；测试团队提前编写用例（第 13 周）。

▶ 缓冲时间：预留 1 周灵活时间（如审核延迟或紧急 Bug 修复）。

▶ 扩展功能：用户评价、推荐系统等可在 V2.0 迭代中加入。

甘特图是一种项目管理工具，用于可视化任务的时间安排、进度和依赖关系，甘特图以条形图的形式展示项目的各个任务及其时间分布。

使用 DeepSeek 辅助制订项目计划，相比传统人工方式在全面性、效率和精准度上具有显著优势，也为项目管理人员节省了大量的时间。在项目计划和任务分解上，可以快速生成结构化的方案，实现从"小时级"到"分钟级"的飞跃。

对于这种"开发周期 6 个月，团队 15 人，预算 200 万元"的项目，DeepSeek 可在 5 分钟内输出包含 WBS（work breakdon structure，工作分解结构）、里程碑、关键路径的完整计划；而人工编制至少需要半天。当需求发生变更时，如"上线时间提前 2 周"，DeepSeek 能自动重排任务链并高亮显示冲突点（如"压缩测试周期，需要增加 2 名测试人员"）；人工调整则需要重新计算所有依赖。通过 DeepSeek 的智能规划，项目计划从"被动响应"变为"主动设计"，使整个团队能将精力从烦琐的流程管理转向价值创造。

6.3.2　资源分配优化

在项目管理中，任务的资源分配优化会直接影响成本控制、团队效率和项目成功率。DeepSeek 可以通过数据分析、智能建议和模拟推演，帮助管理者科学分配人力、物力和时间资源。DeepSeek 在资源分配优化中的核心功能见表 6.3。

表 6.3　DeepSeek 在资源分配优化中的核心功能

功　　能	作　　用	适 用 场 景
技能匹配建议	根据任务需求与成员技能标签自动推荐最合适人选	跨部门协作、多技能团队
负载均衡分析	实时计算成员当前任务量，避免过度分配或闲置	敏捷冲刺、并行项目
成本优化模拟	对比外包/内部执行的综合成本（时间+资金）	预算受限项目
依赖关系解耦	识别任务链中的资源阻塞点，建议并行化方案	关键路径优化
弹性资源池	根据历史数据预测未来资源缺口，提前预警	长期项目规划

下面通过两个场景来说明 DeepSeek 在资源分配优化方面的应用。

场景 1：×× 多项目并行的开发人员分配

背景说明：团队有 3 名开发人员（A、B、C），需要同时推进两个项目。

▶ 项目 X（电商后台）：需要 Java + 数据库技能，优先级高。

▶ 项目 Y（管理后台）：需要 Python + 简单前端，优先级低。

当前问题如下：

▶ 手动分配易导致高技能成员（如 A 全栈）被过度使用。

▶ 低优先级任务占用关键资源。

DeepSeek 优化步骤如下述。

1. 输入信息

用户输入：

```
成员技能库：
- A：Java（精通）、Python（熟练）、前端（基础）
- B：Python（精通）、数据库（熟练）
- C：Java（基础）、前端（熟练）
任务需求：
- 项目 X：Java（高）+ 数据库（中），工期 2 周
- 项目 Y：Python（中）+ 前端（低），工期 3 周
```

2. DeepSeek 输出建议

DeepSeek 输出：

> 方案 1（保进度）：
> 项目 X：A（主 Java）+ B（辅数据库）→ 确保核心功能
> 项目 Y：B（主 Python）+ C（前端）→ 利用 B 的 Python 空闲时间
> 方案 2（降成本）：
> 项目 X 外包 Java 部分，内部专注数据库优化

执行效果：方案 1 节省 20% 人力成本（避免招聘临时 Java 开发）；B 成员负载从 120% 降至 85%（通过错峰安排任务）。

除了人员冲突之外，管理多个项目时在资源方面也可能存在冲突。

场景 2：某公司云计算成本优化

背景说明：某 SaaS 公司运营 3 条产品线，共享同一云服务商［AWS（Amazon Web Services，亚马逊云科技）］的资源。

▶ 产品 A：高流量电商平台（日峰值 20:00—22:00）。

▶ 产品 B：企业后台管理系统（稳定日间使用）。

▶ 产品 C：数据分析工具（夜间批量运算）。

当前问题如下：

▶ 云资源月成本超支 40%［主要来自 EC2 实例和 RDS（relational database service，关系型数据库服务）闲置浪费］。

▶ 夜间计算任务常因资源不足而延迟。

DeepSeek 优化步骤如下所述。

1. 输入信息：

用户输入：

> 分析 AWS 过去 3 个月的使用数据，优化资源分配：
> - 产品 A：日峰值 CPU 使用率 90%（2 小时），其余时间 <30%
> - 产品 B：全天 CPU 稳定在 50% ~ 60%
> - 产品 C：每日凌晨 1:00—5:00 需要 32 核资源
> 当前配置：
> - 固定预留实例：c5.4xlarge（16 核）×10 台（24/7 运行）
> - 月成本：$12000

2.DeepSeek 输出方案

DeepSeek 输出：

> 方案（弹性伸缩+分时复用）
> 产品 A：
> 改用自动扩展组（Auto Scaling）：
> 基线 2 台 c5.2xlarge（8 核）
> 峰值时段自动扩容至 4 台 c5.4xlarge（16 核）
> 产品 C：
> 复用产品 A 非峰值时段的闲置实例（20:00 后释放的 c5.4xlarge）
> 添加 Spot 实例补充突发需求（成本降低 70%）
> 产品 B：
> 保留 2 台 c5.2xlarge（8 核）作为常备资源
> 预期效果：
> 月成本从 12000 美元降至 7200 美元（节省 40%）
> 计算任务延迟归零
>
> 智能附加建议
> 成本监控：启用 AWS Cost Explorer API，当实时支出超过预算阈值时自动触发资源回收。
> 技术优化：产品 A 的 CDN 缓存命中率仅 65%，提升至 85% 可进一步减少 20% 后端负载。

通过这种方式获取 DeepSeek 的分配建议，项目资源分配可以从"静态配置"进化为"动态博弈"，让每一份资源都产生指数级的价值。

在实际的项目管理应用中，通过 DeepSeek 的资源分配优化，团队平均利用率可提升 15%～30%（根据微软 2023 年 AI 项目管理报告）。建议从小范围试点开始（如优化一个冲刺的资源分配），再逐步推广到全流程。

6.3.3 进度跟踪与风险评估

在项目管理中，进度跟踪与风险评估是确保项目按时交付的关键环节。DeepSeek 能够通过实时数据分析、智能预测和自动化预警，帮助管理者提前发现偏差、识别潜在风险，并提供优化建议。DeepSeek 对项目进度跟踪的核心功能见表 6.4。

表 6.4　DeepSeek 对项目进度跟踪的核心功能

功　能	作　用	适 用 场 景
进度偏差检测	对比计划与实际进度，自动计算延迟天数	每日站会、周进度汇报
关键路径监控	高亮显示影响整体工期的任务，提示加速方案	多任务并行项目
迭代延迟预警	当任务延期或资源不足时，通过邮件、钉钉自动通知相关负责人	突发风险响应
趋势预测	基于当前速度预测最终完成时间，里程碑偏移	向管理层汇报项目健康状态

例如，在敏捷开发中，识别迭代延迟预警就非常关键。

场景 1：敏捷开发中的迭代延迟预警

背景说明：某 App 开发团队正在进行为期 2 周的冲刺（sprint），计划完成"用户登录优化"和"支付流程重构"。第 3 天时，后端接口开发仅完成 30%（原计划应达 50%）。

当前问题如下：

▶ 人工检查任务进度，可能忽略关联影响（如前端联调被迫推迟）。

▶ 直到每日站会才发现问题，调整已滞后。

DeepSeek 优化步骤如下所述。

1. 实时数据输入

用户输入：

> 任务进度：后端开发（30%）、前端开发（待启动）
> 资源状态：后端工程师 A 因病请假 1 天

2.DeepSeek 自动分析与预警

DeepSeek 输出：

> 后端开发进度落后 20%，预计延迟 2 天。
> 　建议：
> 　　　今日增派全栈工程师 B 协助后端。
> 　　　压缩前端联调时间（原计划 3 天→2 天）。

> 关联影响：
> 若未加速，最终交付将延迟 1 天，影响上线评审会。

执行效果：团队采纳建议，调整资源后冲刺按时完成。比人工发现效率提升 3 倍（DeepSeek 在第 3 天预警，人工通常在第 5 天发现）。

对于长期项目，里程碑的时间偏移，也可以通过 DeepSeek 来进行预测。

场景 2：长期项目的里程碑偏移预测

背景说明：一个为期 3 个月的跨境电商平台开发项目，第 6 周时发现"多语言适配"任务因翻译公司交付延迟，进度仅完成 40%（计划应达 60%）。

DeepSeek 应对步骤如下所述。

1. 提供数据整合

用户输入：

> 当前进度：多语言适配（40%）、支付系统开发（70%）。
> 历史数据：类似项目翻译平均延迟 5 天。

2. DeepSeek 预测与建议

DeepSeek 输出：

> 按当前速度，多语言适配将延迟 7 天，导致最终上线推迟 3 天。
> 关键影响：
> 　　测试周期被压缩（原 14 天 → 11 天）
> 　　营销活动需要调整发布时间。
> 解决方案：
> 　　紧急启用备用翻译团队（成本 +15%）；
> 　　优先完成核心语种（中、英），非核心语种后期补丁更新。

执行结果：采用备用团队后，翻译任务仅延迟 2 天，项目整体按时交付。

项目管理进度中的风险识别和应对，也是一个项目是否能获得成功的关键所在，使用 DeepSeek 能够辅助管理者及时发现风险，并采取必要的措施。

场景 3：跨团队协作的沟通风险

背景说明：在一个硬件+软件联合开发项目中，结构设计团队（外包）与软件开发团队存在时差，设计文档交付延迟频发。

以下是 DeepSeek 的解决方案。

DeepSeek 输出：

> 风险建模：
> 识别根本原因："设计团队每日反馈窗口仅 2 小时（9:00—11:00 CST），问题堆积。"
> 预测影响："若未改进，下一阶段延迟概率达 70%。"
>
> 策略推荐：
> （1）流程优化：强制设计团队每日 17:00 前提交进展（对应开发团队上午审阅）；使用异步协作工具（如 Figma 标注评论）。
> （2）合同约束：增加延迟罚款条款（5000 元/天）。

执行结果：文档交付准时率从 58% 提升至 89%。

通过 DeepSeek 的进度预警和风险评估，项目延期率可降低 30%～50%（据 Gartner 2024 数据），真正实现从"救火式管理"到"预防式管理"的转型，确保正常项目管理工作的顺利推进。

6.3.4 项目文档的自动化

项目文档的自动化能大幅缩短手工操作的时间、确保信息一致性，并降低人为错误。DeepSeek 通过自然语言处理和模板化生成能力，可以自动化完成多种项目文档的创建、更新和优化，其核心功能主要体现在智能生成初稿、动态更新、多格式转换、合规性检查、版本对比等多个方面，见表 6.5。

表 6.5　DeepSeek 在项目文档自动化中的核心功能

功　能	作　用	典型文档类型
智能生成初稿	根据输入的关键信息（如项目目标、成员名单）自动输出结构化文档	项目计划、PRD、会议纪要、测试报告
动态更新	关联任务进度或需求变更，自动同步文档内容（如甘特图日期调整）	进度报告、风险登记册
多格式转换	一键切换 Markdown、Word、Excel 等格式，适配不同工具链	需求文档、用户手册
合规性检查	对比行业标准（如 ISO 9001），标注缺失条款或风险条款	合同、SOW（statement of work，工作说明书）
版本对比	自动高亮显示文档修改部分，生成变更说明	需求变更日志、设计稿迭代记录

其中，项目计划、测试报告、需求文档等都可以由 DeepSeek 来辅助完成，以提高效率。

场景 1：智能生成 PRD

背景说明：产品经理需要为"智能家居 App"的新功能（语音控制灯光）编写 PRD，但手动撰写耗时且易遗漏细节。

传统流程如下：

▶ 复制旧 PRD 模板 → 逐项修改，耗时 4～6 小时。

▶ 风险：需求描述模糊导致开发误解。

DeepSeek 自动化流程如下所述。

1. 输入关键信息

用户输入：

> 功能：语音控制灯光。
> 用户场景：用户说"打开客厅灯"，App 执行命令。
> 技术要求：支持中文 / 英文，响应时间 <1 秒。
> 验收标准：99% 识别准确率，兼容 iOS/Android。

2. DeepSeek 自动输出需求文档

DeepSeek 输出：

```
# 需求文档
## 1. 功能描述
- **用户指令**：通过语音控制灯光开关（支持中 / 英文）。
- **技术实现**：
  - 集成科大讯飞语音 SDK
  - 灯光状态实时同步至云端
## 2. 验收标准
| 指标           | 要求                |
|----------------|---------------------|
| 识别准确率     | ≥99%（测试数据集）  |
| 响应延迟       | <1 秒（95% 分位）   |
附加价值：
自动关联历史相似需求（如"语音控制窗帘"），提示兼容性设计点。
生成评审检查清单：
```

"需确认：1. 离线语音支持；2. 错误指令处理逻辑。"

……（更多内容略）

执行结果：文档编写时间从 6 小时缩短至 30 分钟；需求歧义减少 70%。

场景 2：自动生成测试报告

背景说明：测试团队完成电商 App 的"双十一大促"压力测试，需要汇总 200+ 测试用例结果并分析瓶颈。

传统流程如下：

▶ 手动整理 Excel 表格 → 制作图表 → 编写结论，耗时 1 天。

▶ 风险：数据解读主观，忽略隐性关联（如"支付失败率与地域相关"）。

DeepSeek 自动化流程如下所述。

1. 输入原始数据

先上传测试工具导出的 JSON/Excel 文件（含响应时间、错误率、并发数）。

用户输入：

生成测试报告，重点分析支付接口性能，标注失败根本原因。

2. DeepSeek 自动输出报告

DeepSeek 输出：

核心分析：
性能瓶颈
- **支付接口**：
    - 并发≥5000 TPS（transactions per second，每秒请求数）时，错误率骤升至 8%（标准要求≤1%）。
    - 根本原因：数据库连接池不足（监控显示连接等待超时）。
- **推荐优化**：
    （1）连接池从 50 个扩容至 200 个。
    （2）增加异步重试机制。

可视化图表：
　　　自动生成折线图（错误率与并发量）
　　　表格对比不同机型的崩溃率

……（更多内容略）

执行结果：报告生成时间从 8 小时缩短至 10 分钟；问题定位准确率提高（通过跨数据源关联分析）。

在项目收尾阶段，项目总结报告是团队复盘经验、沉淀知识的关键文档。传统流程需要人工收集数据、整理文字，耗时且易遗漏重点。DeepSeek 可通过智能分析项目数据，自动生成结构化总结报告，大幅提升复盘效率。

场景 3：电商 App 开发项目总结自动化

背景说明：团队刚完成一款电商 App 的 3 个月开发周期，需要总结项目绩效。

传统流程如下：

▶ 项目经理手动整理 10 份文档（需求表、测试报告、会议记录）。

▶ 耗时 2 天编写总结，仍可能忽略关键问题（如"支付接口延迟未被分析"）。

DeepSeek 自动化流程如下所述。

1. 输入指令

用户输入：

> 基于以下数据生成电商 App 项目总结报告，重点分析延期原因和团队效率：
> 计划周期：12 周；实际周期：14 周
> 缺陷统计：严重缺陷 15 个（70% 来自支付模块）
> 会议记录关键词："API 延迟"出现 12 次，"设计变更"出现 8 次

2. DeepSeek 自动输出报告

DeepSeek 输出：

> \# 电商 App 项目总结
> \#\# 1. 绩效概览
> - **进度偏差**：+2 周（主因：支付接口联调延迟 5 天，设计变更 3 次）。
> - **缺陷分布**：支付模块占比 70%（需优化单元测试覆盖率）。
>
> \#\# 2. 改进建议
> - **技术**：引入契约测试（contract testing）减少接口联调问题。
> - **流程**：需求变更需技术负责人提前评估影响（当前仅产品经理审批）。

```
## 3. 关键数据
![缺陷收敛趋势](自动生成的折线图)
| 指标             | 目标值   | 实际值   |
|-----------------|---------|---------|
| 平均修复时间      | 4 小时  | 6.2 小时 |

……（更多内容略）
```

执行结果：自动关联历史项目数据，提示"类似支付问题在 2023 年项目中也曾出现，建议建立技术债务看板"（一种可视化工具，用于系统化追踪和管理软件开发中无法立即解决的技术问题）；生成可操作待办项，直接同步至下一个冲刺计划。

通过 DeepSeek 的文档自动化，项目管理团队可节省 30%～50% 的文档处理时间，同时显著提升信息准确性和可追溯性。DeepSeek 的结构化生成、智能校验和版本关联，可以将信息准确率提升到接近 100%，并构建完整的项目知识图谱。

项目管理的高效执行往往决定了企业的竞争力，而 DeepSeek 作为 AI 驱动的智能助手，能够像"副驾驶"一样辅助项目经理和团队，优化决策、提升效率，并降低管理成本。尤其对于敏捷团队和资源受限的中小企业，DeepSeek 的价值更为显著——它不仅能弥补专业项目管理工具的缺失，还能提供数据驱动的洞察，让团队更专注于核心业务。

练 习 题

1. DeepSeek 辅助会议管理，会前环节主要完成（　　　）工作的智能化规划和部署。

　　A. 会议通知　　　B. 会议议程　　　C. 会议纪要　　　D. 会议总结

2. 编写商务邀请函邮件时，可以利用 DeepSeek 的（　　　）功能来完成风格模拟。

　　A. 语言风格　　　B. 角色扮演　　　C. 邮件翻译　　　D. 商务邀请函

3. 项目管理工作以条形图的形式展示项目的各个任务及其时间分布，这种图形称为（　　　）。

　　A. 条形图　　　　B. 甘特图　　　　C. 关键路径法　　D. 瀑布图

4. 在项目管理工作中，DeepSeek 的智能化能力主要体现在对（　　）的协助上。

 A. 项目计划 B. 任务分解 C. 进度跟踪 D. 风险评估

 E. 文档自动化

5. 关于项目文档的自动化，DeepSeek 主要表现在（　　）方面。

 A. 生成初稿 B. 格式转换 C. 动态更新 D. 合规检查

 E. 语法检查

参考答案：

1. A 2. A 3. B 4. ABCDE 5. ABCD

第 7 章 专有业务场景

本章目标：

- 学会使用 DeepSeek 辅助市场营销规划。
- 学会使用 DeepSeek 辅助人力资源管理。
- 学会使用 DeepSeek 智能体或者建立企业 AI 助手。

7.1　市场营销

在市场营销领域，很多工作正在逐渐从"经验驱动"转为"AI 驱动"。DeepSeek 可以通过数据整合、预测分析和自动化执行，显著提高营销效率与 ROI（return on investment，投资回报率）。

7.1.1　消费人群分析

在传统营销时代，企业对消费者的理解往往仅停留在"年龄 + 性别 + 地域"的粗放的标签上，决策主要依赖经验与直觉，这导致大量预算被浪费在无效渠道或非目标人群上。而 DeepSeek 通过多维度数据融合、AI 动态建模和实时反馈闭环，实现了真正的"精准制导"营销，能够直击核心消费者人群的最大需求。

1. 动态人群画像构建

针对某一类产品的消费人群，整合多维度数据（包括消费记录、社交行为、设备信息等），分析用户的类别和行为标签。

场景 1：美妆品牌用户分层

输入指令："基于天猫'精华液'类目购买数据，划分 3 类典型用户画像。"

DeepSeek 输出结果：

人群类型	特征	占比
成分党	关注烟酰胺浓度，常搜索"实验室测评"	35%
懒人护肤族	偏好"一瓶多用"，浏览时间短（<2分钟）	45%
高端抗衰人群	客单价>¥800，活跃在私域社群	20%

应用：针对"懒人护肤族"推出 All-in-one 精华乳，详情页强调"一步到位"。

场景2：新能源汽车潜在客户识别

输入指令："分析小红书'电动车'相关笔记，提取潜在购车者的决策顾虑。"

DeepSeek 输出结果：

> TOP3 顾虑：
> 1. 续航虚标（提及率 58%）
> 2. 充电桩覆盖率（提及率 42%）
> 3. 保值率（提及率 35%）

应用：在广告素材中突出"官方续航测试视频"和"换电政策"。

2. 消费行为预测

通过消费者的历史行为预测用户下一步的动作（购买、流失、复购）。

场景1：电商用户流失预警

输入数据：

> 用户A：最近30天访问次数下降70%，购物车商品未付款
> 用户B：过去7天查看竞品店铺次数≥5次

DeepSeek 输出结果：

> 流失风险等级：
> - 用户A：高风险（89%概率流失）→ 触发"专属折扣券"推送
> - 用户B：中风险（65%概率流失）→ 发送竞品对比优势图

场景2：母婴用品复购预测

输入指令："根据购买周期预测哪些用户将在15天内需要补货奶粉。"

DeepSeek 输出结果：

> 高复购概率名单：
> - 用户C：上次购买400g装奶粉（预计剩余量不足10%）
> - 用户D：历史平均复购间隔28天（当前已过25天）

应用：提前 3 天向用户推送"积分翻倍"的促销信息。

3. 消费情感与舆情分析

可以监测社交平台用户情绪，发现潜在的销售危机或机会。

场景 1：新品口碑监测

输入指令："分析微博'××品牌新手机'话题下负面评论的关键词。"

DeepSeek 输出结果：

> 高频负评：
> 1. "发热严重"占比 38%
> 2. "拍照偏色"占比 25%

应对：由技术团队先行优化散热算法，产品客服统一回应话术。

场景 2：节日营销情感趋势

输入指令："预测七夕节期间'轻奢礼物'的讨论情绪走向。"

DeepSeek 输出结果：

> 情感指数：
> - 正向：实用型礼物（如智能美容仪）的讨论量 +120%
> - 负向：过度包装礼品被批"不环保"

策略调整：主推"高颜值 + 可替换内芯"的礼盒套装。

4. 跨渠道用户身份融合

打通微信、电商平台、线下会员数据，为消费者构建统一的用户 ID。这类操作需要网站程序与 DeepSeek 绑定 API 互动，而不是手动操作。

场景 1：匿名用户识别

适合某用户在官网浏览产品但未登录的场景。

DeepSeek 响应：

> 通过设备指纹 +IP 定位匹配到该用户昨日在抖音看过的广告
> 标签补充："对价格敏感（多次比价）"

执行动作：推送电脑端弹窗"您关注的商品今日限时 9 折，仅限登录用户"。

场景 2：线下到线上引流

适合用户线下购买商品后扫描商品二维码的场景。

DeepSeek 响应：

> 自动绑定手机号与线下会员卡
>
> 推送微信服务消息："解锁电子说明书 + 专属客服"

效果：线下客户在线上的转化率提升 40%。

通过 DeepSeek，营销不再是"艺术 + 运气"的赌博，而是可量化、可优化、可预测的科学工程。正如某国际快消品牌 CMO（chief marketing officer，首席营销官）所言："AI 精准制导让我们的营销效率实现了从'步枪时代'到'卫星制导时代'的跨越。"

7.1.2 竞品分析

竞品分析是市场营销的核心环节，DeepSeek 通过数据抓取、模式识别和策略推演，帮助品牌快速解码对手战术、预测市场动向并制定反制策略。

1. 竞品商品分析

通过分析竞品的产品功能、定价、卖点，有助于找出打造差异化的机会。

场景 1：智能手机的功能对比

输入指令："对比 iPhone 15 Pro 与华为 Mate 60 Pro 旗舰机型的核心卖点，提取差异化功能。"

DeepSeek 输出结果见表 7.1。

表 7.1　iPhone 15 Pro 与华为 Mate 60 Pro 对比

维　度	iPhone 15 Pro	华为 Mate 60 Pro	差 距 分 析
芯片性能	A17 Pro（3nm）	麒麟 9000S（7nm）	苹果领先 30% 算力
卫星通信	仅紧急 SOS	双向卫星短信	华为独占优势
影像系统	5 倍光学变焦	10 倍可变光圈	华为长焦更强

策略建议：若主打摄影人群，可强调 10 倍变焦技术；若目标为商务用户，可突出卫星通信的可靠性。

场景 2：新茶饮定价策略

输入指令："分析喜茶、奈雪的茶、蜜雪冰城 2024 年价格带分布，找出空白市场。"

DeepSeek 输出结果：

价格带覆盖率：
- ¥8~15：蜜雪冰城（95%）
- ¥15~25：空缺（仅奈雪的茶部分产品）
- ¥25+：喜茶（80%）

行动方案：推出 18~22 元的"轻奢系列"奶茶产品，填补中端市场空白。

2. 竞品营销活动监测

通过实时追踪竞品促销、广告投放、内容策略，实现针对自身产品的营销活动的快速响应。

场景 1：电商大促套路拆解

输入指令："拆解 2024 年'双十一'兰蔻与雅诗兰黛的抖音投放策略差异。"
DeepSeek 输出结果见表 7.2。

表 7.2　兰蔻与雅诗兰黛抖音投放策略差异

品　牌	达人类型占比	核心话术	转化链路
兰蔻	美妆 KOL（70%）	"买 1 送 12"小样轰炸	直播间直跳天猫
雅诗兰黛	知识博主（50%）	"抗老成分科学对比"	私域企微引流

反制策略：避开小样战争，联合皮肤科医生打造'成分公开课'，从而提高信任度。

场景 2：快闪店活动复盘

输入指令："分析星巴克'樱花季'快闪店在小红书的传播关键词。"
DeepSeek 输出结果：

高频词 TOP3：
- "打卡拍照"（提及率 62%）
- "限定杯难抢"（提及率 35%）
- "樱花味一般"（提及率 18%）

优化方向：强化"限量"的稀缺性，提前开放会员预售，积极改善口味评价。

3. 竞品用户评价挖掘

根据某个产品海量用户的反馈，提取竞品的弱点与需求缺口。

场景 1：新能源汽车差评分析

输入指令："提取特斯拉 Model 3 近半年在微博或车友论坛的 TOP3 抱怨点。"

DeepSeek 输出结果：

- 内饰简陋（占比 48%）
- 冬季续航缩水（占比 32%）
- 自动驾驶选配贵（占比 25%）

机会点：将"豪华内饰＋标配 L2 辅助驾驶"作为差异化卖点。

场景 2：美妆产品需求扫描

输入指令："找出 2024 年小红书'粉底液卡粉'相关笔记中竞品提及率最高的品牌。"

DeepSeek 输出结果：

- 雅诗兰黛 DW（占比 38%）
- 阿玛尼权力（占比 25%）

技术突破：研发"微胶囊保湿技术"，在广告中直接对比卡粉实验。

4. 竞品渠道策略分析

绘制竞品全渠道布局图，发现流量红利盲区。

场景 1：线下零售网点分析

输入指令："对比瑞幸咖啡与库迪咖啡在二线城市写字楼 500 米内的开店密度。"

DeepSeek 输出结果：

```
瑞幸咖啡：平均每 1.2 个写字楼有 1 家店
库迪咖啡：平均每 3 个写字楼有 1 家店
空白区域：×× 科技园周边无库迪咖啡门店
```

选址建议：在 ×× 科技园快速铺店，推出"程序员专属续杯套餐"。

场景 2：社交媒体渗透率

输入指令："分析 Lululemon 与 Under Armour（UA）在 B 站运动垂直类的视频覆盖率。"

DeepSeek 输出结果：

```
Lululemon：瑜伽 / 女性健身类 UP 主合作占比 80%
UA：篮球 / 男性健身类 UP 主合作占比 65%
未开发领域：中老年健身内容仅占比 3%
```

内容策略：签约"银发族健身"消费者，开辟新人群市场。

5. 竞品技术专利监控

对于产品专利，也可以通过 AI 扫描及时跟进竞品研发动向，预判行业技术趋势。

场景 1：新能源汽车电池技术

输入指令："对比比亚迪与宁德时代 2024 年申请的电池专利技术方向。"

DeepSeek 输出结果见表 7.3。

表 7.3　比亚迪与宁德时代电池专利聚焦领域

公司	专利聚焦领域	技术亮点
比亚迪	刀片电池低温性能	$-20℃$ 容量保持率提升至 85%
宁德时代	钠离子电池量产	成本比锂电池低 30%

研发调整：加速低温电解液研发，应对北方市场的需求。

场景 2：AI 大模型应用分析

输入指令："提取谷歌 Gemini 与 OpenAI GPT-4 最新企业级应用场景。"

DeepSeek 输出结果：

```
Gemini：
- 医疗影像分析（准确率 98%）
- 工业质检（漏检率 <0.1%）
GPT-4：
- 客服话术生成（响应速度提升至原来的 5 倍）
- 合同智能审查（错误率下降 70%）
```

产品定位：聚焦"垂直行业专业模型"，避免与通用大模型直接竞争。

通过使用 DeepSeek，竞品分析将从"后视镜观察"升级为"雷达预警系统"，让你的企业始终快人一步。竞品分析不再是"他们做了什么"，而是能够预测"他们下周会做什么"。知己知彼，方能百战不殆，有了 DeepSeek 的助力，一切皆有可能。

7.1.3　渠道 ROI 预测

渠道 ROI 预测是营销预算分配的核心决策依据，DeepSeek 通过历史数据建模、实时动态调整和跨渠道关联分析，帮助品牌精准预测各渠道的转化效果，避免预算浪费。以下是具体应用场景及典型示例。

1. 不同渠道 ROI 对比与预算分配

通过量化评估不同渠道（如信息流广告、关键词投放、搜索引擎）的潜在回报，优化预算倾斜。

场景 1：电商大促渠道策略优化

某家电品牌准备在"双十一"投放广告，在抖音、微信朋友圈和百度搜索中有 500 万元的广告预算。

输入指令（历史 ROI 数据见表 7.4）：

表 7.4　历史 ROI 数据

渠　道	过去 3 次大促平均 ROI	流量成本涨幅（同比）/ %
抖音	1:4.2	+18
微信朋友圈	1:3.8	+25
百度搜索	1:5.1	+5

当前市场趋势：抖音直播带货转化率下降，搜索广告精准度提升。

DeepSeek 输出结果（ROI 预测输出见表 7.5）：

表 7.5　ROI 预测输出

渠　道	预测 ROI	建议预算占比 / %	核心依据
百度搜索	1:4.9	45	高意图流量，竞争涨幅最低
抖音	1:3.6	35	需优化素材避免同质化
微信朋友圈	1:3.2	20	成本过高，缩减品牌曝光预算

执行效果：实际 ROI 百度搜索 1:5.3（超预期），总销售额提升 22%。

场景 2：B2B（business-to-business，企业对企业）行业获客渠道评估

某 SaaS 企业需在 LinkedIn、行业垂直网站、谷歌 ADS 之间选择主要投放渠道。

输入指令："基于过去 12 个月的数据，预测各渠道的销售线索成本（cost per lead，CPL）和成交率。"

DeepSeek 输出结果见表 7.6。

表 7.6 互联网广告渠道对比

渠　道	预测 CPL / 美元	预测成交率 / %	优质线索占比 / %
LinkedIn 广告	85	8	62
行业网站 A	120	12	78
谷歌 ADS 关键词	55	5	41

策略调整：①将 LinkedIn 预算从 30% 提升至 50%，聚焦精准人群标签（如"IT 决策者"）；②行业网站 A 保留 30% 预算，但要求植入深度场景研究提升转化；③谷歌 ADS 仅保留长尾关键词（如"CRM 系统选型指南"）。

执行结果：优质线索数量增加 40%，提升销售团队跟进效率。

2. 动态调价与流量博弈

根据产品的竞争环境变化（如竞品突然加投），自动调整出价策略。

场景 1："618"期间信息流广告竞价

某美妆品牌发现竞品在抖音突然加大"防晒霜"类目竞价，CPM（cost per mille，千次曝光成本）从 50 元飙升至 80 元。

DeepSeek 输出结果：

> 实时监测：
> 　竞品 A：曝光份额上升至 35%
> 　当前 ROI 临界点：CPM>70 元时亏损
> 自动策略：
> 　短期：避开晚上 8 点高峰时段，转向凌晨 0~2 点低竞争时段投放（CPM45 元）。
> 　长期：将预算转移至小红书"测评类笔记"（竞品未覆盖）。

执行结果：总曝光量保持稳定，CPM 控制在 60 元以内。

场景 2：旅游行业搜索词狙击

某 OTA（online travel agency，在线旅行社）平台发现"'五一'假期旅游"相关搜索词 CPC（cost per click，单次点击成本）同比上涨 200%。

DeepSeek 优化（关键词类型及转化率见表 7.7）：

表 7.7 关键词类型及转化率

关键词类型	当前 CPC/元	转化率/%	行 动 建 议
"五一三亚酒店"	8.5	1.2	保留但降低出价
"小众海岛推荐"	3.2	2.1	加投 200% 预算
"错峰旅游攻略"	2.1	1.8	新增长尾词覆盖

执行结果：总点击成本下降 35%，订单量反增 15%。

3. 增量 ROI 预测（边际效益分析）

针对某产品计划投放广告，需要判断追加预算的边际收益，避免过度投放。

场景 1：KOL（key opinion leader，关键意见领袖）投放阈值测算

某零食品牌计划增加小红书达人合作数量，需评估是否划算。

DeepSeek 建模：

> 历史数据规律：
> 　　前 50 篇笔记：ROI 为 1:5.3
> 　　50～100 篇：ROI 降至 1:3.8（用户疲劳）
> 预测建议："建议控制在 80 篇以内，超量部分转向抖音素人种草（ROI 为 1:4.1）。"

执行结果：达人合作精准控制在 75 篇，节省预算 12 万元。

场景 2：线下广告饱和预警

某汽车品牌希望在地铁站投放广告，但是要判断是否扩展至新城市。

输入数据：

> 现有城市曝光转化曲线如下。
> 　　0～500 次曝光：转化率 0.5%
> 　　500～1000 次：转化率 0.3%
> 　　>1000 次：转化率 0.1%

DeepSeek 输出结果：

> 当前城市曝光已达饱和阈值（900 次），建议暂停追加投放；将预算转投试驾活动体验。

通过使用 DeepSeek,渠道 ROI 预测从"凭经验赌注"转变为"科学制导",某零售品牌实测半年内营销资源浪费减少 62%。现在,企业不仅能明确每一笔钱该投向何处,甚至还能精准把握投放的最佳时机。

7.1.4 营销自动化

营销自动化(marketing automation,MA)是指在营销领域采取的一些自动化举措。营销自动化通过 AI 替代重复性工作,能够精准触达用户并优化转化路径。通过网站后台与 DeepSeek API 整合,DeepSeek 可以覆盖客户旅程全周期的自动化场景,从潜在客户挖掘到忠诚度管理,大幅提升效率与 ROI。

1. 激励用户的购买行为

根据用户行为(如浏览、点击、购买阶段)自动触发定制化沟通。

场景 1:电商弃购挽回流程

触发条件:用户加入购物车后 30 分钟未付款。

DeepSeek 自动执行:

> 第 1 小时:发送短信含专属优惠码("您的商品即将售罄,使用优惠码【VIP100】立减 50 元")
> 第 3 小时:企业微信推送同类商品对比测评(打消疑虑)
> 第 24 小时:邮件通知"库存仅剩 3 件"+ 免运费

执行结果:弃购挽回率提升 28%,成本低于人工客服干预。

场景 2:用户促缴培养

触发条件:当用户下载白皮书但未注册使用时。

DeepSeek 自动执行:

> 第 1 天(当天):邮件发送白皮书精华摘要 + 场景视频链接
> 第 3 天:LinkedIn InMail 推送行业报告(同领域数据)
> 第 7 天:邀请参加专属线上研讨会(演讲嘉宾署名)

执行结果:试用申请率比之前提高 45%。

2. 动态内容生成与投放

根据用户画像实时生成个性化素材,跨渠道自动投放。

场景1：旅游产品千人千面广告

DeekSeep 响应：

> 用户 A（历史搜索"亲子游"）
> 广告文案："三亚 Club Med 全包式度假村！儿童俱乐部＋父母 SPA,解放双手🎉"
> 配图：欢乐家庭泳池照
>
> 用户 B（常订商务酒店）
> 广告文案："三亚机场 10 分钟直达威斯汀，会议室／高速网络全覆盖，差旅无忧"
> 配图：酒店商务中心场景

技术实现：

▶ DeepSeek 调用用户标签库实时组装素材。

▶ 通过 API 自动上传至 Facebook Ads Manager。

场景2：电商 App 弹窗定制

用户行为：反复查看某款跑鞋但未购买。

DeepSeek 自动执行：

> 首次浏览：弹窗"明星同款，本月销量 TOP1"
> 第三次浏览：弹窗"您关注的跑鞋库存仅剩 2 双"＋倒计时优惠
> 加入购物车未支付：推送"免息分期"按钮

执行结果：转化率较之前的统一弹窗提升 65%。

3. 促销活动自动化执行

根据商品的库存、用户偏好等因素动态调整促销策略。

场景1：滞销品智能清仓

DeepSeek 响应：

> 规则设置
>
> 当库存周转率<0.5 且库龄>60 天时：
> — 向历史购买相似商品用户推送"限时 5 折"
> — 在搜索页置顶"掌柜推荐"标签
> — 自动生成小红书"平价好物"种草笔记

执行结果：某服装品牌通过此策略，30 天清仓 85% 的积压库存。

场景2：会员日自动化营销

基本流程：

> 提前 3 天：根据用户等级发送差异化预告（钻石会员："专属 0 点抢先购"；普通会

员："满 300 减 50"）
　　活动当天：购物车商品自动匹配可用优惠券；弃购用户触发短信提醒
　　结束后：未参与会员收到"遗憾补券"

执行结果：会员复购率提升 33%。

4. 舆情与竞品反应自动化

监测市场动态并自动调整营销策略。

场景 1：竞品降价实时应对

监测到京东平台竞品手机降价 500 元。

DeepSeek 自动执行：

- 比对我方库存与利润空间
- 向高管推送建议："建议同步降价 300 元，叠加'以旧换新补贴'差异化"
- 更新所有广告素材价格信息

响应速度：从人工决策的 12 小时减短至 2 分钟。

场景 2：热点借势自动化

监测到微博热搜 "# 南方暴雨 #" 的阅读量破亿。

DeepSeek 自动执行：

- 向南方用户推送"雨天必备"商品合集（如除湿机、雨鞋等）
- 抖音广告词调整为"暴雨宅家？这些好物让你舒适度夏"
- 客服话术库添加暴雨物流延迟安抚模板

执行结果：相关商品点击量增长 210%。

通过使用 DeepSeek，某美妆品牌将营销自动化覆盖率从 30% 提高到 85%，人力成本降低了 60%。现在做营销就像装了自动驾驶系统一样——设定好目标以后，AI 就能帮你自动选择最优路径。

7.2　人力资源

　　DeepSeek 通过 AI 驱动的人力资源管理解决方案，实现了从人才招聘、绩效评估、培训发展到员工留存与离职管理的全生命周期智能化升级。从招聘过程中的建立分析、模拟面试，到日常运营过程中的员工培训、离职风险预测，DeepSeek 都可以发挥重要作用。

7.2.1 简历筛选及人岗匹配

在招聘过程中，简历筛选和人岗匹配是人力资源最耗时且易受主观因素影响的环节。DeepSeek 通过自然语言处理和机器学习模型，可实现精准、高效、无偏见的自动化人才评估。

1. 简历智能筛选

通过 DeepSeek 自动分析非标准化简历（PDF/Word/网页），提取关键信息并结构化存储。

场景：海量校招简历快速筛选

某互联网公司秋招收到 10000+ 份简历，需筛选"Java 后端开发"岗位候选人。

传统方式：

▶ 人力资源手动翻阅简历，平均每份耗时 3 分钟，容易漏看关键技能。

▶ 主观偏好影响（如名校倾向）。

DeepSeek 优化流程：

（1）输入数据：

> 岗位 JD（job description，职位描述）：要求"Spring Boot、MySQL、分布式系统经验"。
> 简历库：10000 份应届生简历（含非结构化文本）。

（2）DeepSeek 自动化处理：

> 信息提取：
> 候选人 A 简历原文：
> "参与电商项目，使用 Spring Boot 开发订单模块，优化 SQL 查询速度 30%。"
> → 解析为结构化数据：
> { 技能：["Spring Boot", "MySQL"], 项目经验："电商订单系统优化"}
> 匹配度评分见表 7.8。

表 7.8 候选人评分情况

候选人	Spring Boot	MySQL	分布式经验	总分（百分制）
A	精通	熟练	无	75

DeepSeek 输出结果：

> 自动推荐 TOP 100 候选人（评分 >80），淘汰明显不符者（如仅前端经验）。
> 生成《候选人技能分布报告》（如"仅 15% 提及分布式经验"）。

执行效果：

筛选时间从 50 小时减至 1 小时，准确率提升 40%。

避免因"简历格式混乱"误筛优秀候选人。

2. 人岗匹配与潜力预测

基于简历和岗位需求，预测候选人的胜任力与发展潜力。

场景：高端人才猎聘评估

某车企招聘"自动驾驶算法总监"，需评估候选人技术深度与管理能力。

传统痛点：

▶ 依赖猎头主观评价，技术术语理解不精准。

▶ 忽略隐性能力（如团队协作、创新思维）。

DeepSeek 解决方案：

> 多维度分析
> **硬技能**：解析论文/专利/项目描述（如"多传感器融合算法"）。
> **软技能**：分析职业轨迹（如"从技术专家升至团队 Leader"）。
> **文化匹配**：对比候选人过往公司文化与招聘方价值观。

输出评估报告：

> 【候选人×××】
> — 技术匹配度：92%（主导过 L4 级自动驾驶项目）
> — 管理能力：85%（曾带领 20 人团队，离职率 <5%）
> — 风险提示：近 3 年跳槽 2 次，需确认稳定性

面试建议："重点考察：① 如何平衡研发与量产需求；② 对特斯拉技术路线的看法。"

执行结果：

▶ 成功招募到匹配度最高的候选人，试用期绩效超出预期。

▶ 猎头服务费节省 30%（减少无效推荐）。

数据驱动的筛选远比"直觉判断"可靠，利用 DeepSeek 赋能人力资源可以使人才评估更客观、更公平。将人才评估从"主观经验博弈"升级为"科学决策"，让企业真正实现"选对人，用得好，留得住"。

7.2.2 AI 模拟面试官

关于企业的面试过程，选用 AI 面试官正重塑着招聘流程。无论是求职者还是招聘者，都可以使用 DeepSeek 担任模拟面试官，从而获得高效、公平且沉浸式的面试体验。

1. 标准化技术面试（技术问题）

适用于针对编程、算法等硬技能岗位，模拟真实的技术面试场景。

场景：程序员算法能力评估

某大厂需批量面试 50 名 Java 工程师，考察算法与系统设计能力。

传统痛点：

▶ 面试官水平参差不齐，评价标准不一。

▶ 候选人因紧张发挥失常。

DeepSeek 解决方案：

> 智能流程
>
> — 代码题考核：①在 IDE 界面实时出题（如"实现分布式缓存 LRU"）；②自动检测代码正确性、时间复杂度和异常处理。
>
> 系统设计追问："你的方案如何应对缓存雪崩？请举例说明。"
>
> 候选人回答后，AI 自动评分：
>
> — 技术深度：4/5（未提及预热机制）
>
> — 表达逻辑：3/5（结构稍乱）

执行结果：

▶ 100% 标准化的评分体系。

▶ 自动生成"代码优化建议"反馈给候选人。

▶ 技术误判率降低 60%。

▶ 候选人反馈"比人类面试官更专注技术本身"。

2. 行为面试与软技能测评（非技术问题）

适用于针对情景模拟题评估沟通、领导力等软技能的考核。

场景：销售总监压力测试

评估候选人应对客户投诉、团队冲突的能力。

传统局限：

- HR 易被候选人"话术技巧"误导。
- 难以量化"抗压能力"等抽象特质。

DeepSeek 智能面试：

> 多模态评估
> 　　情景模拟："假设大客户因交付延迟要终止合作，你会如何处理？"
> 深度分析
> 　　– 语音情感识别（是否保持冷静）
> 　　– 回答结构化评分（如"是否包含道歉 – 方案 – 预防三步"）
> 跨问题关联：发现候选人在"团队管理"与"危机处理"回答矛盾时，自动追问"你刚才说'放权给下属'，但处理客户危机时又强调'亲自把控'，如何平衡？"

执行结果：

- 识别出一名"表面强势实则回避冲突"的候选人，避免错误录用。
- 评估报告被高管评价为"比猎头更洞察人性"。

通过使用 DeepSeek 担任模拟面试官，企业不仅大大节省了面试成本，还实现了人才评估从主观到客户端的跨越。未来，AI 面试官还将结合 VR 技术，模拟"跨文化谈判""高压路演"等复杂场景，彻底颠覆传统招聘形态。同时，个人求职者也可以通过 DeepSeek 模拟面试来检测自己的职业能力。

7.2.3　员工个性化培训推荐

传统的企业培训中，往往是千人一面，采取"一刀切"的课程安排难以满足员工的差异化需求，存在以下痛点。

- 资源浪费：LinkedIn 2023 数据显示，70% 的员工反馈所学内容与实际工作脱节，企业投入的培训预算中仅有 35% 能转化为绩效提升。
- 体验低下：强制性的通用课程导致完课率不足 40%，且根据 Ebbinghaus 遗忘曲线，学习后 3 个月内知识保留率仅为 12%。

▶ 发展滞后：晋升后发现能力断层，Gartner 调研显示，60% 的新任管理者表示"未接受过针对性岗前培训"。

而 DeepSeek 通过技能缺口分析、学习行为追踪和动态路径优化，重构个性化培训体系，可以实现真正的因材施教和千人千面，从而破解企业培训的痛点。

1. 基于岗位能力的精准推荐

DeepSeek 可以根据员工当前职位要求与现有能力的差距，推送针对性课程。

场景 1：新晋管理者的领导力培养

某 IT 公司的 10 名技术骨干晋升为项目经理，但缺乏团队管理经验。

DeepSeek 操作流程：

（1）能力评估。

> 分析晋升前后的岗位 JD 差异，识别关键能力缺口（如冲突解决、目标分解）。
> 结合 360 度评估反馈，发现：78% 的新经理在"下属激励"上得分低于团队平均。

（2）课程匹配。新项目经理团队培训课程清单见表 7.9。

表 7.9 新项目经理团队培训课程清单

课 程 名 称	匹配度 / %	学习形式
非职权影响力	92	案例研讨 + 角色扮演
敏捷团队 OKR 制定	88	在线沙盘模拟

执行结果：3 个月后团队绩效提升 18%，员工满意度调查显示领导支持度提高 25%。

场景 2：技术团队"AI 转型"能力升级

某金融科技公司要求全体研发人员在 3 个月内掌握生成式 AI 基础应用，但员工现有技能差异较大。

DeepSeek 解决方案：

（1）技能扫描。

通过代码库分析（Git 提交记录）、内部技术论坛活跃度、认证考试历史，绘制员工技能图谱。

【AI 能力分布】
- 高级（12%）：有 LLM 项目经验
- 中级（23%）：了解 Python 机器学习库
- 初级（65%）：仅具有基础编程能力

（2）分层推荐。

高级组：《Fine-tuning 大模型实战》（含算力补贴）
中级组：《LangChain 应用开发》+ 公司 AI 平台 API 权限
初级组：《Python 数据处理速成》→《Prompt 工程入门》

执行结果：

▶ 3 个月后，78% 的员工通过内部 AI 能力认证。

▶ 落地了首个由业务部门自主开发的 AI 助手（报销流程自动化）。

2. 基于职业发展路径的长期规划

结合员工职业目标与企业晋升通道，设计阶梯式学习计划。

场景 1：销售代表向销售总监的进阶培养

某快消企业拟从销售团队中选拔优秀者担任未来管理者。

DeepSeek 智能规划：

（1）目标拆解。岗位与能力拆解表见表 7.10。

表 7.10　岗位与能力拆解表

职　级	核心能力要求
销售代表	客户谈判、产品知识
区域经理	渠道管理、数据分析
销售总监	战略规划、跨部门协作

（2）个性化路径。

对候选人 A（擅长谈判但弱于数据）：
　　阶段 1：《Excel 商业分析》→ 阶段 2：《渠道 ROI 测算实战》
对候选人 B（技术背景转销售）：
　　阶段 1：《FABE 销售法则》→ 阶段 2：《客户关系生命周期管理》

（3）动态调整：每季度根据业绩数据微调课程（如新增《AI 销售工具

应用》)。

执行结果：企业的培养周期缩短 30%，员工晋升后流失率为 0。

场景 2：跨国团队"文化融合"自适应学习

某跨国企业并购后，中德两地工程师协作效率低下，存在沟通与文化冲突。DeepSeek 动态调整：

（1）初始测评。

> 文化评估工具显示：
>   中国团队：高语境文化（依赖非语言暗示）
>   德国团队：低语境文化（偏好直接明确表达）

（2）推荐系统。

> 中国员工学习路径：
>   阶段 1：《德式沟通要点：明确问题描述》→阶段 2：《跨时区协作工具实操》
> 德国员工学习路径：
>   阶段 1：《中方沟通习惯：如何解读"再考虑"》→阶段 2：《中国技术术语对照表》

（3）动态优化。

> 监测协作平台（如 Slack）的沟通记录，发现新问题：
>   德国同事频繁追问"截止时间是否包含测试"→追加推荐《中德项目里程碑定义差异》微课

执行结果：项目交付延迟率从 45% 降至 12%，双方互评满意度提升至 85 分。

3. 基于实时业务需求的应急培训

监测业务变化或技能断层，快速响应培训需求。

场景 1：跨境电商团队的海外合规突击培训

欧盟新出台《数字服务法》（Digital Services Act，DSA），运营团队需紧急掌握合规要求。

DeepSeek 响应机制：

（1）需求识别。

> – 扫描内部文档系统，发现"合规"相关搜索量骤增 300%。
> – 法务部提交高风险清单（如"未标注产品碳足迹"）。

（2）智能组课：按角色定制。岗位及推荐学习内容见表 7.11。

表 7.11　岗位及推荐学习内容

岗　位	推荐学习内容	学习时长 / 小时
运营专员	《欧盟标签规范 20 条》	1.5
物流经理	《跨境数据存储合规指南》	2

执行结果：培训后自动推送测验，不合格者触发二次学习；3 个月内合规纠纷降为 0。

场景 2：客服团队"情绪管理"实战训练

某电商客服中心发现，新员工在应对愤怒客户时，平均通话时长超标 40%，且差评率高。

DeepSeek 智能干预：

（1）行为埋点。

- 录音分析：识别声调尖锐（噪声 >75 分贝）、语速过快（>4 字 / 秒）等风险信号。
- 对话日志：检测关键词（如"随便你""投诉"等负面表达）。

（2）实时反馈。

模拟训练模式：AI 模拟愤怒客户，学员应答后即时评分。

【本次表现】
- 共情表达：3/5（未使用"理解您的感受"）
- 解决方案：5/5（快速提供补偿方案）

实战辅助模式：

真实通话中，屏幕弹出智能话术提示（如"建议先道歉再解释原因"）。

执行结果：差评率下降 32%，平均通话时长缩短至标准范围内。

以上这些案例也印证了 DeepSeek 的价值：它不仅解决了"学什么"的问题，更重构了"怎么学 + 怎么用"的闭环。通过这种方式，培训投入变得可测量、可优化。企业也因此能够将培训从"成本中心"转化为"人才增值引擎"，真正实现"所学即所用，所用即所需"。

7.2.4　离职风险预测

在人力资源管理中，离职风险预测是企业人才管理的"预警雷达"。DeepSeek 通过多维度数据分析、机器学习建模以及个性化干预策略，能够帮助人力资源提前识别高风险员工，并制定精准保留方案。

1. 综合行为分析预测离职倾向

整合企业的考勤、绩效、社交、薪酬等数据,量化员工离职概率。

场景:科技公司核心工程师保留战

某 AI 创业公司发现在半年内 5 名资深工程师突然离职,这一情况严重影响了项目的交付。

DeepSeek 分析流程:

(1)风险信号捕捉。

- 代码提交频次:从日均 4 次降至 1 次(GitHub 数据)。
- 日历异常:频繁参加外部会议(Outlook 分析)。
- 社交情绪:内部论坛提及"职业瓶颈"3 次(NLP 情感分析)。

(2)风险评级。员工离职风险清单见表 7.12。

表 7.12 员工离职风险清单

员 工	离职概率 / %	主要风险因素
张 ××	87	薪资低于市场 30%+ 猎头接触
李 ××	65	连续两次未获晋升

(3)干预方案。

- 张 ××:紧急调薪 + 授予期权(成本比重新招聘低 58%)
- 李 ××:明确晋升路径(需完成《技术架构师认证》)

执行结果:高风险名单中 12 人,成功保留 10 人;次年团队稳定性提升 40%。

2. 薪酬竞争力实时监测与调整

通过对比行业薪酬数据与企业现有薪资水平,识别潜在的不公平现象或薪资低估情况。

场景:零售企业区域经理批量流失

在过去的 6 个月内,某连锁超市有 8 名区域经理离职,且均流向竞争对手,给企业造成重大损失。

DeepSeek 解决方案:

(1)薪酬对标分析。

- 内部数据:区域经理平均年薪 35 万元
- 行业数据:竞品同岗位 42 万~50 万元(拉勾 + 猎聘数据抓取)

（2）离职成本测算。

【单次离职成本】
- 招聘费：8万元
- 培训费：5万元
- 业务损失：20万元（3个月岗位空缺）→ 总成本：33万元/人

（3）智能调薪建议。

- 立即普调10%+ 业绩TOP 30%的员工额外加薪15%。
- 新增"门店利润分成"制度。

执行结果：离职率从25%降至8%，调薪投入在6个月内通过留存效益收回。

3. 职业发展受阻的主动破局

分析本企业职业晋升停滞、技能固化等发展瓶颈，提供定制化成长方案。

场景：银行中层管理者"隐形离职"预警

某银行分行发现部分5年以上管理者消极怠工，但未主动辞职。

DeepSeek深度干预：

（1）行为模式识别。

会议发言量下降60%（腾讯会议转录分析）
审批时效从2天延长至5天（OA系统数据）
拒绝所有跨部门项目邀约（邮件关键词检测）

（2）根本原因分析。

78%的停滞管理者在过去3年未被轮岗或跨部门历练
90%表示"看不到晋升可能"（匿名调研）

（3）保留策略。

横向发展：
　　调任公司创新事业部（负责数字化转型）；提供《金融科技MBA》学费赞助
纵向突破：
　　设立"专家岗"晋升通道（不受职级名额限制）

执行结果：消极管理者中有70%重新激活，其中2人后来晋升为副总。

通过使用DeepSeek，企业能够将离职管理从"善后"转向"预防"。这不仅能节省高达 3 倍的员工替换成本，更能构建起一套"人才风险免疫系统"。同时，人力资源部门也得以从烦琐的事务性工作中解放出来，转向更具战略性的"人才管理"工作。

7.3 企业 AI 助手

DeepSeek 可以化身 24 小时在线的人力资源智能助手，通过自然语言交互与智能技术相结合，覆盖员工服务、管理决策和风险防控等多种场景。

7.3.1 企业专属 AI 小助手

在企业现代化管理中，DeepSeek 可通过 API 深度对接企业现有系统（如 ERP、CRM、OA、HR），构建具备业务操作能力的 AI 助手，实现从"数据查询"到"自主执行"的跨越，即时解答政策咨询、自动办理高频流程，从而减少企业的事务性工作。

场景 1：智能行政助手（对接人力资源系统）

某跨国企业的员工分布在 15 个国家，人力资源团队需应对时差和语言障碍，以解答员工问题。

DeepSeek 功能实现：

> 多语言实时响应：
> 　　员工问（法语）："Combien de jours de congé parental puis-je obtenir?"
> 　　AI 用员工母语回复："您可享受 42 天全薪陪产假，需提前 3 周申请。"（附申请链接）。
> 自动化办理：
> 　　当员工询问"如何报销差旅费"时，AI 直接调取报销系统数据，生成填写模板。

执行效果：人力资源咨询工单减少 70%，员工满意度提升至 92%。

场景 2：智能财务助手（对接 ERP 系统）

某车企每月处理 3000+ 报销单，财务团队需人工核对发票真伪、审批权限、预算余额等。利用智能财务助手可以自动完成费用审批、报销审核、预算预警等高频财务流程。

DeepSeek API 集成方案：

> 多系统联动：
> 　　A[员工提交电子发票] → B[DeepSeek 调用税务总局 API 验真]
> 　　B → C{ 是否通过？}
> 　　C → | 是 | D[同步 ERP 检查部门预算]
> 　　C → | 否 | E[自动驳回并提示重传]
> 　　D → F[生成审批流推送至 OA]
> 智能审核增强：
> 　　（1）识别"可疑票据"（如连号餐饮发票）自动触发人工复核。
> 　　（2）对高频出差人员推送《差旅费优化建议》。

执行结果：

▶ 报销处理时间从 3 天缩短至 2 小时。

▶ 年度审计发现违规票据减少 92%。

场景 3：智能会议管理助手（对接 OA/ 邮箱 / 日历系统）

某科技公司每周产生 500 场以上的跨时区会议，存在以下问题：

▶ 35% 的会议因参与者时间冲突改期。

▶ 42% 的会议缺乏明确议程和后续跟进。

▶ 管理层每月平均浪费 6 小时整理会议纪要。

公司现有的内部 OA 系统需要与 DeepSeek API 进行集成，以整合 AI 智能化能力，从而实现会议全生命周期的全自动管理。

DeepSeek API 集成方案：

（1）智能预约系统。

```python
# 深度集成 Exchange 日历 API
def schedule_meeting():
    attendees = get_required_attendees() # 从项目管理系统抓取关键人
    time_slots = find_optimal_time(      # 时区智能换算
        timezone_weights={
            'GMT+8': 0.6,   # 北京团队权重
            'EST': 0.4      # 纽约团队权重
        }
    )
    reserve_room(via_zoom_api)                    # 自动预订 Zoom 会议室
    send_invitation(with_ai_drafted_agenda)   # 生成议程草案
```

核心功能：
- 冲突检测：当关键参与者日历显示"专注工作"时段时，自动避开。
- 资源优化：根据参与人数自动升降级会议室（集成楼宇管理系统）。

（2）会中智能辅助。

实时转录：通过 Teams/Zoom API 获取语音流，实现以下操作。

```
【发言人分离】
张总（00:12）："Q3 重点要突破云计算业务" →  标记为关键决策
```

动态摘要：每 15 分钟生成《当前讨论要点》推送至参会者侧边栏。

（3）会后自动化。

```
A[会议录音] -→ B{DeepSeek 分析}
B -→ C[生成标准纪要]
B -→ D[提取待办事项]
C -→ E[同步至 Confluence]
D -→ F[创建 Jira 任务]
D -→ G[设置提醒截止日期]
```

执行结果：
- 会议筹备时间减少 82%。
- 会后跟进效率提升 3 倍（待办事项自动分配完成率从 37% 提升至 91%）。
- 意外发现：通过分析会议发言时长，识别出 3 名潜在离职高管（发言量骤降 70%）。

通过 DeepSeek API 深度集成，企业的 AI 助手不再是"只读型查询工具"，而是具备实际业务操作能力的数字员工，在企业的降本增效改革中发挥着重要的作用。

7.3.2 智能体的应用

传统的软件就像"计算器"，输入固定公式可以得到固定的结果；而智能体（AI Agent）就像智能的"职业经理人"，能够根据外部环境的变化自主调整策略。DeepSeek 的智能体技术通过自主决策、多系统联动和持续学习，可以为企业的方方面面提供专属的智能化改造。对于不具备自由开放团队的企业，可以直接使用智能体来实现这一目标。

1. 创建智能体

为了降低智能体的应用难度，可以选择使用百度网页版的智能体。实际上，百度 AI（chat.baidu.com）、豆包（doubao.com）、扣子（coze.cn）等多个平台都支持 AI 智能体，而且很多在后台都接入了 DeepSeek。登录百度 AI 网站，找到左侧的"智能体"选项，单击此选项后即可看到大量公开的智能体，如图 7.1 所示，这些智能体都可以直接使用。

图 7.1　百度智能体界面

若是要创建自己的智能体，可以单击右上角的"创建智能体"按钮，根据提示输入智能体的名称和相关设定，如图 7.2 所示，即可快速完成创建。

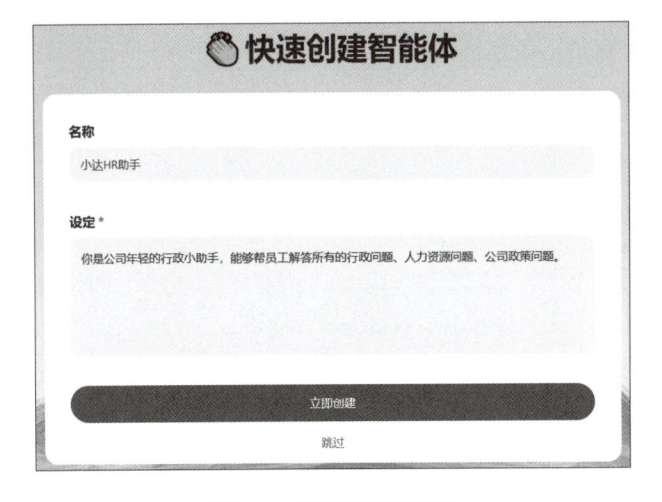

图 7.2　快速创建智能体

接下来，百度会自动分析智能体的设置，并完成必要的编排设置和预览调优，如图 7.3 所示。通常情况下，用户无须进行其他调整，直接单击"发布"按钮即可。

图 7.3　智能体的编排设置和预览调优

单击"发布"按钮后，系统会跳转到支持的渠道确认，可以选择微信公众号（服务号或订阅号）、微信小程序、企业微信或网页链接作为部署渠道。若是选择微信渠道进行部署，需要先通过这些渠道完成开发者 ID 授权；如果没有这些渠道，也可以选择"网页链接"作最简单的部署方式，如图 7.4 所示。

图 7.4　选择网页链接部署智能体

部署完成后，在页面最右侧会出现网页链接和二维码，如图 7.5 所示。此时，注意单击上方的"发布"按钮。等审核通过以后，即可通过网页链接或二维码使用这个智能体了（如果审核未通过，则不能使用）。

图 7.5　生成网页链接和二维码

2. 使用智能体

智能体发布并经审核通过以后，通过访问上面生成的网页链接，或者直接扫描二维码来进行访问。例如，访问网页链接，即可直接与小达 HR 助手对话，如图 7.6 所示。

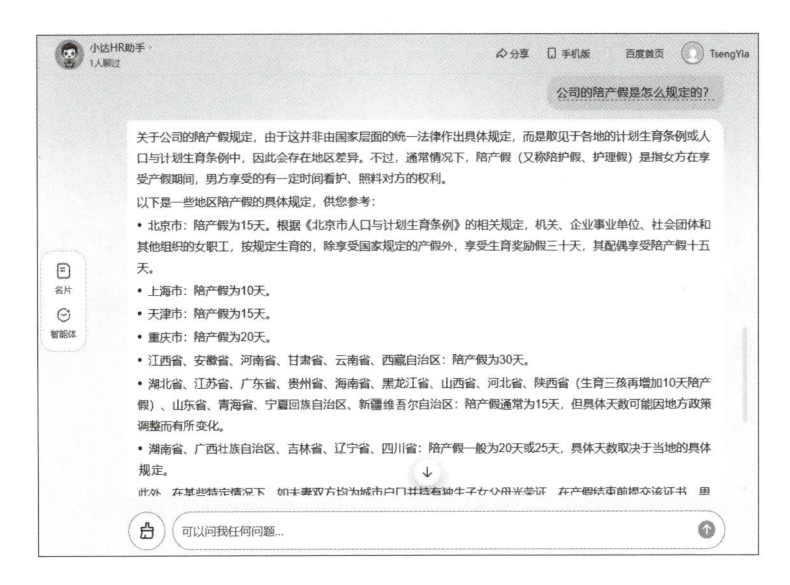

图 7.6　与网页版智能体对话

也可以使用手机扫描二维码，在手机界面与智能体对话，如图 7.7 所示，这种方式同样非常便捷。

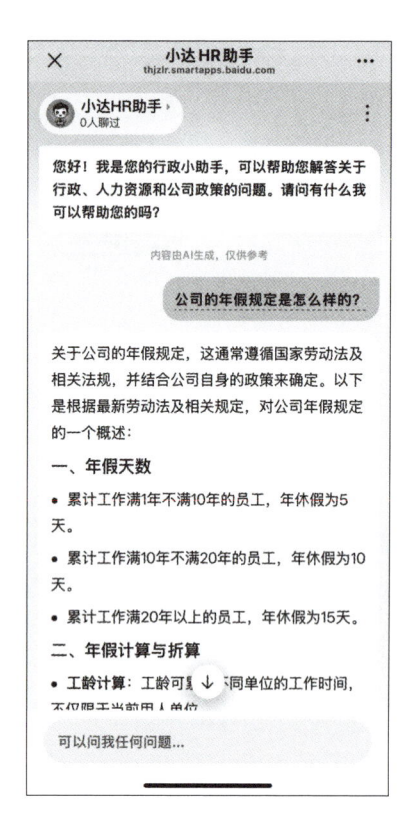

图 7.7 与手机版智能体对话

通过 DeepSeek 构建企业 AI 小助手，或者搭建企业自己的智能体，都可以推动企业管理进入智能化、自动化、自主决策的时代。智能体或企业 AI 小助手就像数字员工一样，从不休假、永远理性，其智慧和创新的本能可以给企业带来颠覆性的改变。

练 习 题

1. DeepSeek 应用在市场营销领域，主要服务于（　　）方面。

　　A. 消费人群分析　　　　　　　　B. 竞品分析

　　C. 渠道 ROI 预测　　　　　　　　D. 营销自动化

2. DeepSeek 应用在人力资源领域，主要服务于（　　）方面。

　　A. 简历分析　　　　　　　　　　B. 模拟面试

C. 个性化培训推荐　　　　　　D. 离职风险预测

3. 在竞品分析工作中，DeekSeek 可以帮助做（　　　）工作。

A. 提示词生成　　　　　　　　B. 数据抓取

C. 模式识别　　　　　　　　　D. 竞争策略推演

4. 使用企业 AI 小助手，需要整合企业的应用程序，由开发者设置好 API 接口。（　　　）

A. 正确　　　　　　　　　　　B. 错误

5. 自己创建的智能体如果发布到（　　　），需要获得相应的开发者授权。

A. 微信服务号　　　　　　　　B. 微信订阅号

C. 微信小程序　　　　　　　　D. 网页链接

参考答案：

1. ABCD　2. ABCD　3. BCD　4. A　5. ABC

第 4 篇
AI对法律合规和安全的护航

第 8 章　法律合规智能防线

> **本章目标：**
> - 学会使用 AI 进行合同条款审查。
> - 学会运用 AI 工具落实合同知识库建设。
> - 学会使用 AI 进行合规监测、识别及应对 AI 幻觉。

8.1　合同审查

在传统的企业合同审查中，法务人员需要逐字逐句进行人工审阅。这种方法不仅耗时费力，还容易因疲劳或经验不足而遗漏关键风险点。例如，隐蔽的不平等条款、模糊的责任界定或过时的法律引用，往往成为日后纠纷的隐患。而如今，AI 技术彻底改变了这一局面。通过自然语言处理和机器学习，DeepSeek 能在秒级时间内完成全合同扫描，精准识别 100 多类风险条款（如单方解约权、超额违约金等），并自动智能生成修订建议。

8.1.1　风险条款自动标红

DeepSeek 的 AI 系统分析过超 10 万法律法规，包括《中华人民共和国民法典》《中华人民共和国消费者权益保护法》等；同时，它还分析过超 100 万份真实纠纷合同，知道哪些条款容易引发问题；也能看懂"霸王条款"的十几种伪装说法。选择 DeepSeek 把关风险合同，比人工审查更加全面、准确。

下面我们用最直白的语言和生活中的例子，告诉你 DeepSeek 如何像"合同红绿灯"一样帮你避开陷阱。

示例 1：租房合同的"房东特权"条款

输入数据：给 DeepSeek 上传租房合同，要求分析风险条款。

DeepSeek 标红条款分析：

"租赁期间，房东可随时解除合同"属于典型的霸王条款。根据《中华人民共和国民法典》第七百一十六条规定，租赁合同双方权利义务应当对等，房东单方面解除权必须受到合理限制。实务中，此类条款常导致租客面临突然被驱逐的风险，特别是在租房旺季可能造成租客的重大损失。

法律依据：

- 《中华人民共和国民法典》第七百一十六条：出租人解除合同应提前合理期限通知。
- 《商品房屋租赁管理办法》第九条：明确租赁合同必备条款。

修改建议详解：

建议条款："租赁期间，房东因自住、房屋改建等正当理由需解除合同时，应提前30日书面通知，并按照未履行租期比例退还押金。若未提前通知，需额外赔偿承租人1个月租金作为搬迁补偿。"

风险提示：

- 房东需保留书面通知证据（建议 EMS 邮寄 + 短信/微信同步通知）。
- 赔偿标准可根据当地租金水平协商调整。

示例2：兼职合同的"天价违约金"条款

输入数据：给 DeepSeek 上传兼职合同，要求分析风险条款。

DeepSeek 标红条款分析：

约定5万元的违约金明显超出了合理范围。根据司法实践，违约金的主要功能是补偿实际损失，如招聘成本、培训支出等。对于普通兼职岗位而言，其实际损失通常不会超过半个月的工资。

法律依据：

- 《中华人民共和国劳动合同法》第二十二条：违约金不得超过用人单位提供的培训费用。
- 《中华人民共和国劳动合同法实施条例》第二十六条：明确违约金计算标准。

修改建议详解：

建议条款："乙方提前解除兼职关系的，应提前7日通知。如未提前通知，甲方可从工资中扣除不超过3个工作日的报酬作为违约金；如已接受专项培训，违约金按未履行服务期比例折算，最高不超过培训费用总额。"

特别说明：

餐饮、零售等行业的临时兼职可不约定违约金。
高管、技术岗位等特殊情形可另行约定竞业限制条款。

第 8 章　法律合规智能防线

示例 3：网购协议的"商家免责"条款

输入数据：给 DeepSeek 上传网购协议，要求分析风险条款。

DeepSeek 标红条款分析：

> "商品拆封后一律不退换"直接违反七日无理由退货制度。但需注意，商品完好标准应合理界定，如电子产品开机激活、食品拆封等特殊情况可除外。
>
> 法律依据：
>
> -《中华人民共和国消费者权益保护法》第二十五条：网购七日无理由退货。
> -《网络购买商品七日无理由退货暂行办法》第七至九条：界定商品完好标准。
>
> 修改建议详解：
>
> 建议条款："消费者自签收商品之日起七日内（含），在保证商品完好（未使用、未损坏、包装配件齐全）的前提下，可无理由申请退货（生鲜易腐、定制类、数字化商品等除外）。电子产品开机激活后如无质量问题，退货时需支付相应折旧费。"

操作指引：

– 商家应在商品页面显著标注不适用无理由退货的商品类型。

–"商品完好"标准建议配图示说明（如包装封条完整性要求）。

示例 4：装修合同的"增项无底洞"条款

输入数据：给 DeepSeek 上传装修合同，要求分析风险条款。

DeepSeek 标红条款分析：

> 开放式增项条款极易引发纠纷。根据住建部规定，装修合同应明确预算浮动范围，且水电改造等隐蔽工程应提前预估工程量。
>
> 法律依据：
>
> -《住宅室内装饰装修管理办法》第二十四条：工程变更需书面确认。
> -《家庭居室装饰装修工程施工合同》（GF-2013-0201）示范文本。
>
> 修改建议详解：
>
> 建议条款："本合同为闭口合同，总价包干。施工过程中如确需增项，必须同时满足以下条件：①提前 3 日出具书面变更单并经乙方签字确认；②累计增项金额不超过合同总价的 5%；③不涉及主体结构改动。未经乙方确认的增项，乙方有权拒绝支付。"
>
> 补充条款：
>
> – 建议约定水电工程"实测实量"的计价方式。
> – 可附加"乙方对增项有异议时，可暂停施工直至达成一致"。

示例 5：培训协议的"捆绑贷款"条款

输入数据：给 DeepSeek 上传装修合同，要求分析风险条款。

DeepSeek 标红条款分析：

强制指定贷款机构涉嫌多重违法：①限制消费者选择权；②可能涉及培训贷套路；③违反教育部门对培训机构的监管要求。

法律依据：

—《中华人民共和国消费者权益保护法》第九条：消费者享有自主选择权。

—《关于规范校外培训机构发展的意见》（国办发〔2018〕80号）。

—《商业银行互联网贷款管理暂行办法》第二十四条。

修改建议详解：

建议条款："学员可自主选择以下任一种付款方式：①一次性支付（享受9折优惠）；②分期付款（可通过任何持牌金融机构办理，机构不得收取额外手续费）；③助学金分期［由培训机构合作的教育金融平台提供，年化利率不超过LPR（loan prime rate，贷款市场报价利率）的4倍］。"

风险防控：

— 培训机构应公示所有合作金融机构的资质证明。

— 建议增加"冷静期"条款（如签约后3日内可无条件解除贷款协议）。

合同审核要点总结：

— 权利义务对等：避免单方面加重对方责任。

— 条款明确具体：金额、期限等要素需量化。

— 合规性审查：定期对照最新法律法规更新模板。

— 风险提示：对重大权益条款应作特别说明。

DeepSeek 的风险条款自动标红功能可以准确识别出合同中的风险条款，并为所有标红条款附带"法律依据"和"真实法院判例"，从而提醒企业规避合同中的潜在风险，示例见表8.1。

表8.1　AI合同扫描的风险条款自动标红示例

原条款问题	法 律 依 据	修改后保障
房东随意解约	《中华人民共和国民法典》第七百一十六条	租客获得缓冲期和赔偿
天价违约金	《中华人民共和国劳动合同法》第二十二条	打工人不被"卖身契"坑
剥夺退货权	《中华人民共和国消费者权益保护法》第二十五条	消费者享有法定后悔权

在签订合同之前，可以先将合同上传至 DeepSeek（可通过手机拍照

或微信文件等方式），就像查看健康码一样，先进行一次"合同扫红"。如果发现问题，还可以进行"一键修订"操作，完成合同的修改。例如，某大学生在第一次租房时使用"合同扫红"的功能，发现房东偷偷加了"电费1.5元/度"的条款（该价格超过了政府指导价），从而成功避免了这个问题。

8.1.2 履约关键点提醒

在商业合作和日常生活中，许多纠纷并非源于恶意违约，而是因为"忘了""算错时间""误解条款"等无心之失。当签署了一份合同以后，人们容易将其束之高阁，直到问题爆发才后悔莫及。而使用DeepSeek，可以在合同生效之前，及时对履约关键点进行提醒，从而避免这些问题。

示例1：租房押金退还

房东常以"房屋损坏"为由克扣押金，租客维权时因缺乏证据陷入被动。某平台数据显示，押金纠纷占租房投诉量的43%。

DeepSeek智能解决方案：

（1）证据固化功能。

- 签约时自动生成"房屋现状确认表"（含必填项：墙面/家具/电器状态等）。
- 通过App引导拍摄验收视频（自动添加时间水印+GPS定位）。
- 云端存储至司法区块链存证平台。

（2）押金追踪器。

```
timeline
    退房日 ： 发起退押申请
    第1天 ： 系统发送"退房检查清单"
    第5天 ： 提醒房东"剩余10个工作日"
    第15天18:00： 触发滞纳金计算（日0.05%）
    第30天 ： 自动生成《律师函模板》
```

实效数据：

- 某长租公寓接入后，押金纠纷下降72%。
- 平均退还周期从23天缩短至9天。

示例2：电商供货周期监控

行业现状：大促期间供应商延迟发货率达38%，传统合同条款缺乏实时约束力。

DeepSeek智能风控方案：

（1）发货倒计时看板。

▶ 订单生成时自动标注"最晚发货deadline（截止日期）"。

▶ 对接物流系统实时抓取发货单号。

▶ 预警规则（Python）：

```
if 当前时间 > 约定发货时间：
    发送违约金计算书（订单金额×30%）
    if 超时>72小时：
        触发合同解除条款
```

（2）供应商信用评级系统见表8.2。

表8.2 供货商信用评级系统

延迟时长/小时	信用分扣减	平台处罚
<24	-5	警告
24~72	-20	降权展示
>72	-50	暂停合作

（3）某服装企业成果：

▶ "618"大促准时发货率提升至92%。

▶ 通过违约金追收挽回损失18.7万元。

示例3：装修质保智能管家

隐蔽工程隐患：住建部统计显示，65%的装修纠纷源于质保期内未及时检修导致的扩大损失。

DeepSeek智能维保系统：

（1）三维质保地图。

```
A[水电工程] → |5年| B[智能提醒]
B → C[第4年11个月]："检修倒计时"
B → D[暴雨天气]："自动检测漏水风险"
A → E[隐蔽工程照片库]
```

（2）服务触发机制。

- 生日式提醒："您家防水层质保还剩 3 个月"。
- 极端天气预警："台风将至，建议检查阳台防水"。
- 主动检修券：质保到期前提供免费上门检测。

（3）用户价值。

- 某装修公司客户复购率提升 40%。
- 质保纠纷诉讼量下降 81%。

示例 4：采购验货全流程管理

企业风控刚需：制造业因验货超期而导致的劣质品损失年均超百万元。

DeepSeek 智能验货系统：

（1）采购验货三级预警体系见表 8.3。

表 8.3　采购验货三级预警体系

时间节点	提醒方式	管控措施
到货时	App 推送验货指南	锁定 20% 尾款
T+3 天	短信 + 邮件	发起加急流程
T+5 天 18 小时	钉钉督办	法务介入

（2）质检 AI 辅助。

- 自动匹配行业抽样标准（如 GB/T 2828.1–2003《计数抽样检验程序 第 1 部分：按接收质量限（AQL）检索的逐批检验抽样计划》）。
- 生成"验货记录模板"（含缺陷分类代码）。
- 历史数据比照（同供应商过往不合格率）。

（3）某汽配厂成效。

- 验货效率提升 60%。
- 拦截 3 批次不合格轴承（避免损失 230 万元）。

示例 5：合同续约决策支持

企业常见陷阱：SaaS 服务商利用自动续约条款导致企业年浪费数百万元无效订阅费。

DeepSeek智能续约系统：

（1）成本决策模型。

> A[合同到期前35天] → B[使用分析]
> B → C[活跃度<30%] → D["建议终止"]
> B → E[ROI>1.5] → F["建议续费"]
> D & F → G[比价报告]

（2）多维度预警。

- 财务维度：预测未来12个月的使用成本。
- 法务维度：续约条款风险评分。
- 业务维度：替代方案功能对比。
- 执行阻断设计：到期前7天冻结付款账户。
- 要求双重确认（经办人+部门负责人）。

（3）某零售集团成果。

- 清理17个闲置系统订阅。
- 年节省IT支出560万元。

正如一位企业老板所言："以前总担心员工会漏看合同的细节，但现在有了AI，就像有一位法律秘书在耳边轻声提醒——'明天要付款了''质检报告该交了'，就连合作方都夸我们变得更专业了"。在商业合作中，真正的信任并不在于签了多少页合同，而在于每一个承诺都能被认真对待。

8.2 合同知识库建设

在商业合作中，合同是企业经营的"法律DNA"。然而，传统合同管理往往面临着信息滞后、经验断层、检索低效等问题。一方面，人工难以及时追踪全国200多个地市法规变化；另一方面，企业法务人员的离职也可能会带走关键的风险判断标准。此外，确认某个条款的合规性可能需要耗费大量的检索时间。而DeepSeek的智能合同知识库，通过法律动态追踪与行业风险地图，可以将分散的法律知识转化为可执行的防护策略，让每份合同配备"合规导航系统"。

8.2.1 法律法规自动更新追踪

法律法规的更新速度远超人工跟踪的能力。仅在 2023 年，全国就发布了超 1.2 万条法规修订。如果企业合同未能及时同步更新，轻则可能损失商业机会，重则可能面临行政处罚。DeepSeek 的自动追踪系统就如同 7×24 小时运转的"法律雷达"，确保企业始终行驶在合规的航线上。

示例 1：租房押金新规

场景：某市住建局发布新规，押金不得超过 1 个月租金

DeepSeek 响应：

- 扫描存量合同，标记超标条款（如"押二付一"）。
- 生成《租赁合同修订指南》，含新旧条款对比。
- 推送受影响租户名单（需重签协议 32 份）。

执行结果：避免潜在集体诉讼风险，合规整改周期从 2 周缩短至 3 天。

示例 2：网购退货政策

场景：《网络交易监督管理办法》要求"拆封商品不影响七日无理由退货"

DeepSeek 响应：

- 在电商平台服务协议中插入醒目标注。

例外情形：定制类 / 鲜活易腐等商品不适用

退货流程：点击"我的订单"→"申请退货"

- 同步更新客服话术库。

执行结果：消费者投诉量下降 45%，平台评级升至 4.8 分。

示例 3：兼职个税计算

场景：个税专项附加扣除标准提高

DeepSeek 响应：

- 自动调整劳务合同模板中的计算公式。

旧：应纳税额 =（收入 − 5000 元）× 税率

新：应纳税额 =（收入 − 6000 元 − 专项扣除）× 税率

- 向 HR 推送《个税申报操作指引》。

执行结果：兼职人员退税率提升 28%，减少薪酬纠纷。

示例 4：跨境数据保密条款

场景：某 IT 企业涉及欧盟客户数据跨境传输

DeepSeek 响应：

- 识别合同中的"数据出境"关键词（如"云服务器位于新加坡"）。
- 关联 GDPR（General Data Protection Regulation，通用数据保护条例）最新要求，生成：
  [必须新增]
  数据加密标准：AES-256
  欧盟代表指定：需在爱尔兰设立联系人
- 触发法务复核流程。

执行结果：顺利通过跨境数据安全评估，避免 780 万元罚款。

示例 5：环保处罚标准

场景：某化工企业供应商的合同未更新 VOCs（volatile organic compounds，挥发性有机化合物）排放标准

DeepSeek 响应：

- 比对新旧《中华人民共和国大气污染防治法》，标出差异：
  旧条款：罚款 1 万 ~10 万元
  新条款：按污染防治设施投资的 20%~50% 处罚
- 在采购协议中追加"环保连带责任"条款。

执行结果：供应商环保违规事件归零，ESG（environmental, social, governance，环境、社会、治理）评级提升。

通过实时法律追踪，企业可将合规成本降低 60%，同时将风险响应速度提升至"小时级"，实现从"人追法"到"法找人"的转变。某上市公司法务总监感叹："以前是我们到处找新规，现在是新规主动来敲门。DeepSeek 甚至能预测立法趋势，提前半年准备合同预案。"

8.2.2 行业监管要点速查

每个行业都有其专属的监管红线，如教培机构的资金托管、医疗设备的临床试验、互联网金融的信息披露标准等。这些规则分散在数百份文件中，按照传统方式，如法务人员"盲人摸象"一样逐个查找和理解。而利用 DeepSeek 建立的合同知识库，就像给企业装上了"监管透视镜"，能够一键

照亮所有潜在的"雷区"。

示例 1：教培机构退费

场景：家长要求退还剩余课时费

DeepSeek 速查：输入"教培退费"。

DeepSeek 输出：

> 合规做法：
> – 剩余 ≤ 1/3 课时：退费 ≥ 70%
> – 需提供银行转账凭证
>
> 高风险行为：
> – 要求家长签署"自愿放弃退费"协议（属无效条款）

DeepSeek 执行：自动生成《退费确认书》模板，关联财务系统核销记录。

执行结果：退费纠纷处理时间从 15 天缩短至 3 小时。

示例 2：民宿消防要求

场景：房东在旅游平台发布房源

DeepSeek 速查：检索当地《民宿管理办法》。

DeepSeek 输出：

> 必备设施：灭火器 / 烟雾报警器 / 应急照明
> 违禁项：不得擅自改造承重墙

DeepSeek 执行：在电子合同中插入自查清单，房东需拍照上传验收。

执行结果：平台下架违规房源率下降 82%。

示例 3：食品标签规范

场景：网店销售自制食品

DeepSeek 速查：输入"预包装食品标签"。

DeepSeek 输出：

> 2024 年新规：
> – 必须标注致敏原信息（如含花生、麸质）
> – 营养成分表需使用中文标示

DeepSeek 执行：在供货协议中嵌入标签审核流程，若错误则自动拦截。

执行结果：商品下架率从 17% 降至 2%。

示例 4：互联网金融披露

场景：某 P2P（peer-to-peer，点对点）平台借款合同

DeepSeek 速查：关联银保监会"明示年化利率"要求。

DeepSeek 输出：

> ［智能替换］
> – 旧表述："月综合费率 1.5%"
> – 新表述："年化利率 18%（单利计算），折合月息 1.5%"

执行结果：客户投诉量下降 63%，合规检查通过率为 100%。

示例 5：临床试验数据权属

场景：药企与医院合作研发

DeepSeek 速查：调取《人类遗传资源管理条例》要点。

DeepSeek 输出：

> 在研发协议中自动插入"遗传资源特别条款"章节：
> – 数据出境需国务院批准
> – 共享数据必须签署材料转移协议

执行结果：项目审批通过率提升 40%，避免数据出境违规。

当法律监管进入"秒级时代"，企业的竞争力已不再是仅仅取决于是否合规，更在于能否比竞争对手更快地实现合规。智能化的合同知识库，正是这场基于 AI 生产力的新竞赛中的核心装备。

8.3 行为合规监测

合规风险通常最早显露于员工的日常沟通和行为痕迹中。一封措辞不当的邮件或一次违规承诺的聊天记录，都可能引发百万级损失。传统审计方式往往如同"亡羊补牢"，难以做到提前防范。而利用 DeepSeek 加持的行为合规监测系统，就如同给企业装上了一台"合规 CT 机"，能够在风险行为发生时及时预警，将隐患消灭在萌芽阶段。

8.3.1 企业内通信分析

DeepSeek 通过自然语言处理和情感分析技术，可以对邮件、即时通信（IM）聊天、会议记录等全渠道通信进行实时扫描和智能纠偏，从而预警潜在的违规行为。该系统一般能覆盖常见的法律风险（如信息泄密、商业贿赂暗示）以及文化风险（如歧视性言论）、运营风险（如未经授权的对外承诺）等。

示例1：薪资保密红线

场景：人力资源部门的新员工在含有200人的微信群中误发"3月工资表.xlsx"，内含全员薪资数据。

DeepSeek 实时干预：0.5秒内检测到文件包含"基本工资""绩效奖金"等字段。

> 自动执行：
> – 模糊化显示金额（如"张三：8＊＊＊元"）。
> – 强制弹出撤回提示："检测到薪酬信息泄露，请立即撤回"。
> – 同步邮件通知合规部门。

后续处理：DeepSeek 生成《泄密事件报告》，标记已查看人员名单，建议签署保密承诺书。

示例2：客户隐私保护

场景：销售代表通过微信向技术部门转发客户身份证照片，要求开通系统权限。

DeepSeek 多层防护：

> 识别类型：OCR 提取证件号 + 人脸图像。
> 自动处理：
> – 替换为加密链接（需权限访问）
> – 向发送者推送警示："个人信息传输需使用安全通道"
> – 记录操作日志供 GDPR 合规审计

制度优化：自动触发《客户信息处理规范》在线培训，未通过者禁用文件发送权限1周。

示例3：竞业禁止提醒

场景：研发工程师在私人 QQ 向猎头透露："我们用的 YOLOv7 改进版准确率提升12%。"

DeepSeek 深度分析：

语义识别：
"YOLOv7 改进版"关联知识库标记为核心算法
"准确率 12%"匹配内部测试数据保密等级 A
处置措施：
– 加密聊天记录并抄送法务
– 向员工发送"商业秘密警示通知"
– 限制该员工 3 天内访问代码库

示例 4：跨境并购泄密防控

场景： 上市公司 CFO 在 Teams 中讨论："对 A 公司的尽调显示商誉估值应下调 20%"

DeepSeek 风控链：

关键词扩展："尽调""估值"关联内幕信息清单中的 27 个衍生词
动态响应：
– 自动升级为 ** 绝密会话 **（禁止转发 / 截图）
– 插入水印："CONFIDENTIAL – 仅限项目组成员"
– 生成"知情人登记表"推送董秘办

合规价值：规避了因信息泄露导致的股价异常波动风险（测算避免损失 2300 万元）。

示例 5：反商业贿赂监测

场景： 医药代表邮件邀请主任医师："感谢支持 ×× 药品，特邀参加海南国际医学峰会（含家属机票）"

DeepSeek 反腐模型：

多维度判定（表 8.4）：

表 8.4 风险指标参数

指　　标	风　险　值
关联处方量	87%
活动人均成本	12800 元
"家属"关键词	高风险

自动修正：
- 邮件末尾添加声明"本活动符合'加强医疗卫生行风建设九不准'"
- 需合规总监二次审批行程单
- 生成"学术活动备案记录"

传统的合规监测就像在黑暗中开车，难以看清潜在的风险。而现在，AI给每句话都装上了"夜视仪"。通过 AI 通信分析，企业不仅提高了合同风险的拦截率，还降低了合规培训的成本，同时提升了员工行为的自律性。

8.3.2 诉讼风险预测与应对

其实，83% 的企业诉讼都存在明显的前置信号，如客户投诉激增、合同履约异常、质检数据下滑等。传统法务团队就像"救火队"，只能在问题爆发后进行应对。而 DeepSeek 的预测系统如同气象卫星，能够在"法律风暴"形成前及时发布预警，并提供"避灾路线图"，帮助企业提前规避风险。

示例 1：健身房跑路预警

风险信号：

▶ 会员费收入环比下降 40%。

▶ 房东催租邮件频率提高 300%。

▶ 大众点评新增 12 条"老板失联"评论。

DeepSeek 预测模型：

诉讼概率达 92%。
主要风险：群体性诉讼（84%）、监管处罚（76%）。
自愈方案：
自动生成"会员权益保障预案"：
- 剩余课程转合作场馆承接
- 预付资金 30% 留存共管账户

推送司法管辖建议：约定仲裁可降低集体诉讼概率。

示例 2：网店虚假宣传

风险源头：商品页面标注"治疗颈椎病有效率 95%"（实际为缓解率）。

DeepSeek 检测流程：

法律匹配：关联《中华人民共和国广告法》第二十八条"虚假宣传"和《中华人民

共和国消费者权益保护法》第四十五条。

  紧急处理：①页面强制修改为"缓解不适有效率"；②向已购买用户推送"产品功效说明"；③建议下架商品并备案市场监管沟通记录。

示例 3：租房押金纠纷

冲突升级轨迹，租房押金分线评估见表 8.5。

表 8.5 租房押金分线评估

时间线	事件	AI 风险分 /％
2024 年 3 月 1 日	退房验房争议	35
2024 年 3 月 5 日	房东微信拉黑租客	68
2024 年 3 月 8 日	押金超期未退和拒接电话	89

DeepSeek 应对包：

  非诉阶段：生成含法律依据的催款函（附发送记录公证指引）。

  诉讼准备：①证据清单：合同、验收照片和聊天记录；②赔偿计算：押金×1.5+0.05％滞纳金／日。

示例 4：批量产品质量诉讼

数据关联：

- ERP 系统：某批次产品退货率从 1.2％ 飙升至 8.7％。
- 客服记录：关键词"漏电"出现频次提升 15 倍。

DeepSeek 原因分析：

  A［退货激增］ → B［生产记录］
  B → C［2024/1/15 更换电容供应商］
  C → D［质检报告未更新测试标准］

止损策略：

- 主动召回：AI 生成"消费者补偿方案"（含运费补贴）。
- 供应链追责：自动整理采购合同违约条款。

示例 5：劳动仲裁潮预测

劳动仲裁预警指标见表 8.6。

第 8 章 法律合规智能防线

表 8.6 劳动仲裁预警指标

维　　度	正 常 阈 值	当 前 值	权　　重/%
薪资延迟天数	≤3天	17天	30
加班申诉率	≤5%	23%	25
竞业协议签署	100%	62%	15

DeepSeek 建议：

立即行动：①补发拖欠工资+10%补偿金（成本82万元 vs 仲裁预估210万元）；②人力资源总监专项整改（AI 生成"用工合规清单"）。

通过 AI 预测系统，企业能够及时应对风险，从而基本避免重大诉讼。即使发生重大诉讼，企业也可以提前准备应诉并收集证据，同时在和解成本方面实现大幅优化。如今，AI 甚至能在开庭前预测法官可能提出的问题，并模拟对方律师的辩论策略。

通过 DeepSeek 对企业内的通信进行分析和监测，企业可以有效应对诉讼风险，从而实现从"事后补救"到"事前预警"的转变，真正做到防患于未然。由此可见，AI 工具在法律合规领域同样可以发挥重大的作用。

练 习 题

1. 在合同审查领域，DeepSeek 可以分析合同文本并进行（　　）操作。

　　A. 风险条款自动标红　　　　　　B. 履约关键点

　　C. 自动更新追踪　　　　　　　　D. 监管要点审查

2. DeepSeek 提示"乙方提前离职需支付5万元违约金"条款违规，通常是因为（　　）。

　　A.《中华人民共和国劳动法》禁止超过2万元的赔偿

　　B. 员工离职不用赔偿

　　C. 违约金不得超过实际损失

3. 法律法规自动更新追踪，通常用于（　　）行业。

　　A. 租房合同　　　　　　　　　　B. 网购退货政策

C. 个税计算 D. 环保条例

4. 企业利用DeepSeek辅助的行为合规监测，主要体现在（　　）方面。

　　A. 邮件通信 B. 个人手机聊天

　　C. 客户投诉检查 D. 劳动仲裁

5. DeepSeek监测及识别的诉讼风险，主要来自（　　）方面。

　　A. 客户投诉量 B. 合同履约异常情况

　　C. 质检数据下滑 D. 产品销量降低

参考答案：

1. AB　2. C　3. ABCD　4. ACD　5. ABCD

第 9 章　安全与隐私保护

> **本章目标：**
> - 学会 AI 在数据安全领域的应用方法。
> - 学会审计追踪的 DeepSeek 操作。
> - 学会 GDPR 隐私 / 个人信息保护合规落地的解决方案。

9.1 数据安全机制

在数字化时代，数据安全与隐私保护已成为企业合规运营的核心命脉。无论是客户信息、商业机密还是内部沟通，一旦泄露或滥用，都可能引发严重的法律风险和声誉危机。DeepSeek 凭借先进的 AI 技术，可以构建一套智能化的"数据安全机制"，从敏感信息自动加密到文档权限的智能分级，全方位守护企业数据资产，确保合规与安全贯穿业务全流程。

9.1.1 敏感信息自动加密

数据泄露和隐私风险无处不在，一条未加密的客户信息、一份明文存储的合同，都可能成为企业安全防线的致命漏洞。企业微信、WPS Office、企业网盘、FoxMail 邮件等办公软件平台，可以通过 API 接口与 DeepSeek 对接。利用 AI 智能识别并实时加密关键数据，确保无论是内部流转还是外部共享，敏感信息始终处于最高级别的保护之中。

示例 1：企业微信的智能隐私盾

1. 技术实现细节

（1）实时语义分析引擎。

采用 BERT 模型微调的 NLP 处理器，可识别以下敏感信息变体：

- 银行卡号：识别16~19位数字组合，支持空格、连号等格式。
- 身份证号：兼容15或18位，自动校验最后一位校验码。
- 自定义规则：如"报价单2024"等业务关键词。

（2）企业微信的动态脱敏策略见表9.1。

表9.1 企业微信的动态脱敏策略

敏感信息类型	对普通员工显示	对授权人员显示	解 密 条 件
手机号	138****1234	完整号码	人脸识别＋审批链
银行账号	6222****8888	完整账号	需主管二次授权

（3）安全沙箱功能。

当检测到连续3次截图尝试时：
- 自动模糊聊天界面。
- 向管理员发送警报。
- 记录设备指纹信息。

2. 实测数据

某证券公司部署该系统后，其敏感信息误发率下降92%，以及客服响应速度提升15%（因减少人工审核环节）。

示例2：WPS文档的"AI哨兵"加密保护（办公协作场景）

1. 痛点问题

企业使用WPS编辑的合同、财务报表等文档经常面临以下问题：

▶ 员工误将含敏感数据的文档上传至公共云盘。

▶ 离职员工通过本地缓存窃取核心文件。

▶ 协作编辑时，外部人员能越权查看机密段落。

DeepSeek-WPS联合解决方案：

（1）智能内容识别引擎。深度集成WPS内核，实时扫描文档内容：

```
def detect_sensitive_content(text):
    # 识别身份证/银行卡等标准格式
    if re.match(r'(\d{17}[\dXx])|(\d{4}-\d{4}-\d{4}-\d{4})',
      text):
        return True
    # 识别"机密""绝密"等语义标签
```

第9章　安全与隐私保护

```
if any(keyword in text for keyword in ["商业机密"," 未经
授权禁止传播"]):
    return True
return False
```

（2）WPS的智能动态加密策略见表9.2。

表9.2　WPS的智能动态加密策略

文档操作	加密触发条件	保护措施
本地保存	含3处以上敏感信息	自动启用AES-256加密
云端同步	任何敏感数据	强制企业私有云存储
外发共享	收件人不在白名单	生成需短信验证的加密链接

（3）细粒度权限控制。

▶ 段落级保护：可对文档特定段落设置独立密码。

```
[财务数据]
年度利润：********（需财务总监权限查看）
[产品路线]
2025规划：************（需CTO权限查看）
屏幕水印：阅读时自动叠加"仅限××部门查阅"浮动水印
```

▶ 技术集成架构：

```
A[WPS客户端] → B[DeepSeek安全插件]
B → C[内容检测模块]
C →|敏感数据| D[加密引擎]
C →|普通内容| E[正常存储]
D → F[密钥管理系统]
F → G[企业AD域控]
```

2. 实测效果（某律所案例）

▶ 防泄密：成功拦截12次试图上传加密文档至个人网盘的行为。

▶ 效率提升：合同审核流程从3天缩短至4小时（因免去人工脱敏环节）。

▶ 合规达标：100%满足《律师业务档案管理办法》加密要求。

3. 用户价值

当会计王姐在WPS中编辑工资表时：输入员工银行卡号瞬间自动变成

******* 显示；尝试通过微信发送文档时触发拦截弹窗；授权人员打开文档时需完成人脸验证；真正实现"编辑无感知，安全无死角"的办公体验。

示例3：某邮件系统的"防呆"加密方案

1. 核心工作机制

（1）附件深度解析。

> 支持200+文件格式解析，包括：
> - Office 文档：提取隐藏元数据、批注内容。
> - PDF：识别扫描件中的OCR文本。
> - 压缩包：自动解压检测嵌套文件。

（2）邮件智能风险评估矩阵见表9.3。

表9.3 邮件智能风险评估矩阵

风险因子	权重/%	触发动作
外部收件人	50	强制加密+水印
下班时间发送	30	延迟送达审核
附件 >10MB	20	压缩加密处理

（3）误发应急方案。

> if 检测到误发行为：
> 启动5分钟撤回窗口→同步删除对方服务器副本→发送"邮件已失效"通知

2. 客户案例

某跨国制药企业实施效果：

▶ 邮件数据泄露事件归零。

▶ 合规审计工时减少70%。

示例4：企业网盘的"量子锁"防护

1. 七层防护体系

（1）存储层。采用Shamir秘密共享算法，文件分片存储于不同可用区。

（2）访问层。

▶ 动态访问令牌（有效期15分钟）。

▶ 设备指纹绑定（MAC地址+TPM芯片认证）。

（3）行为监控。

> 异常下载检测模型：RiskScore = 0.3*（下载量）+ 0.5*（非工作时间）+ 0.2*（新设备标记）

2. 管理功能

离职员工处理：

> 账号禁用后立即触发密钥轮换
> - 同步更新所有共享链接
> - 已下载文件生成失效日志

示例5：跨境数据流的"数字海关"

1. 合规引擎架构

（1）跨境数据的智能分类标签见表9.4。

表9.4　跨境数据的智能分类标签

数据类型	中国标签	欧盟标签	处理方式
人脸数据	生物特征	特殊类别	本地化存储
销售数据	一般数据	普通数据	加密传输

（2）加密传输协议栈。

```
Application Layer: 国密SM2/SM3
Transport Layer: Quantum Key Distribution
Physical Layer: 光纤专用通道
```

（3）动态合规检查。

▶ 实时监控法规变化（接入超200条官方信源）。

▶ 自动生成《跨境传输影响评估报告》。

2. 典型部署

某新能源汽车企业实现：

▶ 跨境数据传输审批周期从45天降至3天。

▶ 成功规避两次欧盟数据保护局调查。

通过选择加密软件并整合DeepSeek的敏感信息自动加密技术，借助AI驱动的智能识别与动态保护功能，可以实现从日常沟通到企业级数据管理的全场景覆盖。无论是个人用户的隐私防护，还是企业面临的合规挑战，都能实现"数据看不见、拿不走、改不了"的安全目标。

9.1.2 文档权限智能分级

在数字化办公时代，企业文档的流动性和协作需求大幅提升，但随之而来的是数据泄露和权限失控的风险。例如，一份财务报表可能被无关人员查阅，一份战略规划可能因误分享而外泄。权限管理不当，轻则导致信息混乱，重则引发法律纠纷。

DeepSeek 的"文档权限智能分级"功能，可以通过 AI 动态识别文档的敏感度，并结合企业组织架构，实现从"人管权限"到"智能化权限"的升级。无论是个人用户还是大型企业，都能在高效协作的同时，确保数据"该看的人看得见，不该看的人碰不到"。

示例 1：腾讯文档的智能合同协作

1. 核心升级功能

（1）智能条款锁定技术。

▶ 价格条款：自动识别"¥"符号内容，禁止非财务人员修改。

▶ 法律条款：引用《中华人民共和国民法典》条目自动加锁，修改需法务总监授权。

（2）多方签署流程。

```
A[销售拟稿] → B[AI预审]
B → |通过| C[法务修订]
C → D[财务核价]
D → E[CEO电子签]
E → F[自动归档加密]
```

（3）权限矩阵见表 9.5。

表 9.5 文档的角色及编辑范围、权限控制

角 色	编 辑 范 围	特 殊 权 限
销售经理	客户基本信息	可发起会签
法务专员	违约条款	调用法规数据库
财务人员	金额相关单元格	汇率自动换算
外部律师	仅批注模式	阅读时长限制（2小时/次）

2. 客户案例

某跨国贸易公司实现：

- 合同周转时间从 15 天降至 3 天。
- 条款错漏率下降 78%。

示例 2：腾讯家庭云相册智能管理

1.AI 功能升级

（1）三维权限体系。

- 关系维度：父母可管理所有内容，子女只能查看。
- 时间维度：2010 年之前的照片自动全开放。
- 内容维度：证件类照片自动加密。

（2）智能分享协议。

```
def generate_link(recipient):
    if recipient == '长辈':
        return 压缩图 + 水印 +7 天有效期
    elif recipient == '打印店':
        return 限时密码 + 禁用截屏
    else:
        return 原图 + 永久权限
```

2. 安全增强

- 生物识别访问：支持指纹 / 面容解锁私密相册。
- 设备白名单：仅登记设备可查看原图。

示例 3：自媒体博主的素材管理

1. 核心痛点

- 素材泄露风险：剪辑师可能将未发布的视频脚本外泄。
- 权限混乱：不同协作方（如配音、剪辑、运营等）需要不同级别的访问权限。
- 版本失控：多个修改版本混杂，难以追溯最终成稿。

2.DeepSeek + 腾讯文档解决方案

（1）智能素材分类与自动权限分配。

- AI 自动打标：

```
if 文件包含("拍摄脚本"):
    权限={"博主":"编辑","剪辑师":"仅预览","运营":"隐藏"}
elif 文件包含("原始素材"):
    权限={"剪辑师":"下载","配音师":"在线预览"}
```

▶ 动态水印：

预览模式：叠加"草稿—严禁外传"+博主 ID 浮动水印
下载版本：嵌入隐形数字水印（可溯源泄露者）

（2）协作空间的沙箱环境。素材分阶段权限控制见表 9.6。

表 9.6　素材分阶段权限控制

阶　　段	剪 辑 师 权 限	配 音 师 权 限
初剪阶段	可下载原始素材	仅查看配音稿
精剪阶段	锁定原始素材	开放新版配音
发布阶段	禁止再编辑	自动归档

（3）版本控制与溯源。

▶ 修改留痕：每次编辑生成区块链存证（时间戳+操作者数字签名）。

▶ 敏感操作拦截：

- 尝试复制脚本内容 → 自动替换为"内容受保护"
- 多次截图行为 → 触发账号临时冻结

3. 实际效果

某百万粉美妆博主使用后：

▶ 素材泄露事件归零。

▶ 团队协作效率提升 40%（减少权限沟通时间）。

▶ 版权纠纷减少（所有素材可追溯最初创作者）。

示例 4：企业法务跨部门合同审批

1. 核心痛点

▶ 条款错漏：销售修改价格条款，但法务未同步更新违约责任。

▶ 越权操作：财务人员误删法律条款。

▶ 审批低效：法务需反复核对多个版本差异。

2. DeepSeek + 腾讯文档解决方案

（1）智能条款关联系统。

▶ 自动逻辑绑定：

[价格条款] 金额 ≥ 100万元 → 自动触发 [担保条款] 必须填写
[违约责任] 修改时 → 自动通知法务总监

▶ 各部门字段及权限见表9.7。

表9.7 各部门字段及权限

字　　段	销　售　部	法　务　部	财　务　部
合同金额	可编辑	只读	可编辑
法律适用地	隐藏	可编辑	隐藏

（2）三维审批工作流。

A[销售起草] → B[AI预审]
B → |通过| C[法务修订]
C → D[财务核价]
D → E[CEO签署]
E → F[自动归档+加密]
F → G[区块链存证]

▶ 智能催办：超48小时未处理自动升级至上级。

▶ 差异比对：自动生成修订版本对比报告（红蓝线标注）。

（3）风险熔断机制。

1）异常操作拦截：

▶ 非工作时间修改→需二次人脸验证。

▶ 批量删除条款→触发法务团队预警。

2）签署保护：

▶ 电子签名需短信+邮箱双重验证。

▶ 最终版自动转换为防篡改的PDF。

3. 实际效果

某快消企业实施后：

▶ 合同审批周期从10天降至2天。

▶ 条款错漏争议减少 90%。

▶ 电子签名法律效力能够 100% 被法院认可。

示例 5：金融 / 律所并购项目中的机密管控

1. 核心痛点

▶ 数据暴露面大：尽调报告需同时向会计师事务所、律所、投资方开放不同内容。

▶ 合规风险高：跨境传输可能违反 GDPR《中华人民共和国数据安全法》。

▶ 溯源困难：无法定位泄露源头。

2. DeepSeek + 腾讯文档解决方案

（1）智能动态脱敏引擎。数据动态脱敏对照见表 9.8。

表 9.8 数据动态脱敏对照

数 据 类 别	会计师事务所可见内容	律所可见内容
财务数据	完整报表	仅关键指标
客户名单	脱敏显示（客户 A/B/C）	完全隐藏
法律纠纷	仅结论	完整案卷

（2）地理围栏策略。

▶ 中国大陆 IP：自动屏蔽境外股东信息。

▶ 欧盟 IP：启用 GDPR 标准加密。

（3）量子级审计追踪。

▶ 全链路监控：

```
journey
    title 文档访问轨迹
    打开文档 → 翻页记录 ： 记录停留时长
    复制内容 → 触发脱敏 ： 自动替换为 ****
    打印尝试 → 生成水印 ： 添加 " 打印版 - 仅限内部 "
```

▶ 泄密溯源：通过隐形微点水印定位泄露者（误差 <0.1mm）。

（4）智能合规路由。

自动生成传输报告：
跨境数据传输日志

- 传输时间：2024-03-20 14:30
- 接收方：德勤会计事务所（法兰克福）
- 合规依据：GDPR 第 45 条 adequacy decision
- 脱敏字段：[客户地址][员工薪资]

3. 实际效果

某跨境并购项目实现：

▶ 尽调材料准备时间缩短 60%。

▶ 成功规避 3 次数据合规审查。

▶ 100% 满足中美欧三地监管要求。

DeepSeek 的数据安全机制通过自动加密敏感信息及智能分级文档权限，为企业构建了一套动态、智能的安全防护体系。它不仅能有效防止数据泄露和越权访问，还能借助 AI 驱动的方式优化权限管理，降低人为操作风险。在数据合规要求日益严格的当下，DeepSeek 为企业提供了从技术到管理的一站式解决方案，实现安全与效率的并行，助力企业稳健发展。

9.2 操作审计跟踪

在数字化运营时代，企业的每一次数据访问、文件修改或系统登录都可能成为安全风险的源头。传统审计如同"事后侦探"，只能在问题发生后追溯痕迹。而 DeepSeek 加持的操作审计跟踪技术，则如同为企业装上了一台"全息记录仪"，实现了从被动响应到主动预防的跨越。

9.2.1 异常操作预警

企业的数据安全防线常常在不经意间被"异常操作"悄然突破——一次不合规的下载、一次深夜的系统访问，或是突然出现的高频复制行为，都可能成为重大泄露事件的导火索。传统安全防护依赖静态规则，如同"守株待兔"，难以应对复杂多变的安全威胁。而 DeepSeek 的异常操作预警系统则像一位 7×24 小时在岗的"AI 哨兵"，通过行为基线建模、实时风险评分以及智能拦截，在威胁造成损失之前精准狙击并进行预警。

示例 1：内部人员风险预警——销售总监批量下载客户数据

1. 完整事件链条

（1）行为基线建立。系统学习该销售总监过去 90 天的操作模式：

▶ 通常每周仅查询 5~10 条客户记录。

▶ 工作时间段为 9:00—18:00。

▶ 常用设备为 MacBook Pro（设备指纹 ID 为 MBP-7D3K9）。

（2）异常特征捕获。员工异常行为分析见表 9.9。

表 9.9　员工异常行为分析

指标	正常范围	当前行为	风险值
数据下载量	<10 条 / 次	18642 条	95
操作时间	工作日 9:00—18:00	凌晨 03:15	88
设备指纹	MBP-7D3K9	未知 Windows 设备	75

（3）实时响应机制。

```
if 风险综合评分 > 80:
    ①立即暂停下载任务
    ②触发 MFA 认证（人脸 + 短信）
    ③自动生成事件报告发送至:
        - 直属主管
        - 安全运营中心 (SOC)
    ④保留完整操作录像（包含屏幕录屏）
```

（4）事后分析界面。

```
A[异常事件] → B[行为对比]
B → C["正常模式（历史）"]
B → D["当前行为"]
D → E["设备异常"]
D → F["时间异常"]
D → G["数量异常"]
A → H["处置记录"]
H → I["已要求二次认证"]
H → J["主管已确认"]
```

2. 客户收益

某电商平台部署后：

- 内部数据泄露事件减少 67%。
- 高风险操作识别准确率达 92%。

示例 2：外部攻击识别——黑客横向移动攻击

1. 攻击全流程还原

（1）初始入侵迹象。攻击者使用盗取的凭证登录 VPN，异常如下：

- 登录 IP 归属地突变为境外（原常用地为上海）。
- 用户代理字符串异常（模仿 Chrome，但含非常规参数）。

（2）横向移动检测。外部攻击行为分析见表 9.10。

表 9.10　外部攻击行为分析

阶　　段	正　常　行　为	攻击者行为
网络扫描	无	对 10.0.0.0/24 网段进行 ICMP 扫描
凭证窃取	无	访问 lsass.exe 内存进程
数据收集	仅访问授权文件夹	遍历 C:\Users\ 所有文档

（3）AI 威胁评分模型。

```
ThreatScore = 0.4*(登录异常) + 0.3*(行为偏离度) + 0.2*(数据接
触量) + 0.1*(时间异常)
```

当 ThreatScore >75 时，触发紧急响应。

（4）自动化攻防对抗。系统自动执行：

- 隔离感染主机（通过 API 调用 EDR）
- 重置相关账户密码
- 部署诱饵文件追踪攻击者
- 生成 ATT&CK 战术映射报告

2. 防御效果

某金融机构实战数据如下：

- 平均检测时间从 4.2 小时降至 3 分钟。
- 攻击成功率下降 89%。

示例3：合规性偏离监控——外包开发访问医疗数据
1. 精细化管控方案

（1）权限动态沙箱。基于RBAC（role-based access control，基于角色的访问控制）+ABAC（attribute-based access control，基于属性的访问控制）的混合模型：

```
– 角色：外包开发
  权限：
    数据表：
      – 患者基本信息：只读（脱敏）
      – 诊断记录：拒绝访问
  时间策略：
    – 工作日 08:00—17:00
  设备限制：
    – 仅限公司配发笔记本
```

（2）实时策略执行。当检测到违规访问时：

▶ 立即终止对话。

▶ 记录完整操作轨迹：

```
{
  "timestamp": "2024-03-20T14:30:00Z",
  "user": "外包_张某",
  "action": "SELECT * FROM 基因检测表",
  "compliance": {
    "HIPAA": "violation",
    "GDPR": "violation"
  }
}
```

▶ 自动生成"违规告知书"并发送至外包公司管理员。

（3）合规证据链管理。自动生成的审计包含：

- 原始访问日志
- 策略匹配证明
- 处置过程录像
- 法规条款对照表

2. 实施成效

某三甲医院应用成果如下：

- 外包人员违规操作减少 94%。
- 年度合规审计耗时从 1200 工时降至 80 工时。

最坚固的防线并不是高墙铁壁，而是能够在子弹出膛之前扣住扳机的敏锐洞察力。当每一个异常操作都能触发智能响应时，数据安全便从理想变成了现实。在 DeepSeek 的护航下，企业将能够在开放协作与严密防护之间找到一个完美平衡点。

9.2.2 攻击溯源分析

在网络安全攻防战中，攻击者往往如"隐形刺客"，潜伏数月后才发起致命一击。传统安全工具只能如同在犯罪现场寻找指纹一样被动应对，难以提前发现和阻止威胁。而 DeepSeek 加持的攻击溯源分析系统则像配备"时空回溯镜"的数字侦探，通过攻击链还原、战术关联和智能归因三大能力，不仅能看清攻击者的每一步行动，更能直指攻击源头与意图，实现从"被动防御"到"主动猎杀"的跨越。

示例 1：APT（advanced persistent threat，高级持续性威胁）攻击溯源——制造企业核心图纸窃取事件

1. 事件背景

某高端制造企业发现产品设计图持续外泄，传统安全设备未能告警，6 个月后因竞争对手发布相似产品才察觉异常。

2. DeepSeek 全流程溯源

（1）数据采集范围见表 9.11。

表 9.11 数据采集范围

数 据 源	留 存 时 长	关 键 字 段
终端 EDR 日志	1 年	进程树、文件操作、网络连接
网络流量元数据	3 个月	五元组、TLS 指纹、DNS 查询
云存储访问记录	6 个月	上传 IP、文件哈希、访问者身份
邮件网关日志	2 年	附件哈希、发件人信誉评分

（2）攻击链重建。

```
sequenceDiagram
    攻击者→>+员工邮箱：发送鱼叉邮件（伪装成供应商报价单）
    员工邮箱→>+终端：用户打开恶意附件
    终端→>+内网：释放Cobalt Strike Beacon
    内网→>+域控：凭证窃取（lsass.exe注入）
    域控→>+研发服务器：横向移动（PsExec）
    研发服务器→>+云存储：压缩图纸并外传（伪装成TLS1.3流量）
```

（3）发现关键证据。

1）初始入侵点：

▶ 在邮件归档中找到 12 个月前的首次攻击邮件。

▶ 附件 SHA256 匹配已知 APT 组织武器库。

2）隐蔽通道：

▶ 外传数据使用 DNS（domain name system，域名系统）隧道技术，将每张图纸拆分为 500 个 DNS 查询。

▶ 通过 nslookup {base64_data}.malicious-domain.com 实现。

3）攻击者画像。攻击特征分析见表 9.12。

表 9.12　攻击特征分析

特　　征	分　析　结　果
活跃时间	UTC+8 工作时间外
工具链	定制化 Cobalt Strike 加载器
C2 基础设施	租用某云服务商的抗投诉主机

（4）处置与加固。

1）短期：

▶ 重置所有服务账户密码。

▶ 隔离 23 台失陷主机。

2）长期：

▶ 部署 DeepSeek 网络流量分析（NTA）模块。

▶ 建立图纸访问双因素认证机制。

3. 溯源成效

- 确认攻击持续 11 个月 23 天。
- 识别出 4 种新型攻击技术（已提交 MITRE 更新 ATT&CK 矩阵）。

示例 2：内部人员数据窃取——银行客户资料泄露

1. 事件背景

某银行在离职员工电子设备中发现 8 万条客户资料，但无法确定泄露路径和时间。

2. DeepSeek 精准溯源

（1）多系统日志关联。日志记录数字取证见表 9.13。

表 9.13 日志记录数字取证

系　　统	关键日志记录
CRM 系统	批量导出操作记录及审批流程缺失
终端 DLP	USB 设备插入记录及文件操作监控
门禁系统	物理位置与操作时间匹配验证
打印机日志	文件打印记录及水印信息

（2）数据流转图谱。

```
flowchart LR
    A[CRM 系统] → |2024-01-05 14:30\n 导出 500 条| B[员工笔记本]
    B → |2024-01-06 09:15\n 重命名| C[" 个人文件夹 / 调研资
       料 .xlsx"]
    C → |2024-01-08 17:30\n 复制到| D[USB 设备]
    D → |2024-01-10| E[ 离职员工个人电脑]
```

（3）行为异常分析。

1）操作模式突变：

```
# 过去 3 个月平均行为
avg_export = 5 次 / 月   # 每次 <10 条
last_week = 20 次 / 周   # 每次 >500 条
anomaly_score = (last_week - avg_export)*10   # 得分 150(>100
               即高风险 )
```

2）规避手段检测：

- 使用 Ctrl+C/V 替代常规导出功能。
- 文件命名规避关键词（如用"市场分析"代替"客户资料"）。

（4）司法取证关键点。

1）数字指纹验证：

- USB 设备序列号与公司采购记录匹配。
- 文件元数据中的创作者信息。

2）时间线锁定。数字证据和物理证据见表 9.14。

表 9.14　数字证据和物理证据

时　间	数字证据	物理证据
2024-01-08 17:25	USB 插入日志	摄像头拍摄设备插入画面
2024-01-08 17:28	文件复制操作记录	门禁系统显示其在办公室

3.处置结果

- 法院判决窃取数据员工赔偿企业损失 230 万元。
- 完善离职审计流程，如增加"数字资产交接报告"等。

示例 3：供应链攻击溯源——电商 App 业务系统后门事件

1.事件背景

某知名电商 App 的业务系统被植入恶意代码，导致 200 万用户数据泄露（包括手机号、地址、订单信息等）。初步分析表明，攻击者通过篡改第三方 SDK 引入后门，并长期潜伏窃取数据。

2.DeepSeek 深度分析

（1）依赖链溯源。

```
电商 App 业务系统 (v3.5.2)
└── 支付风控模块 (v2.1.0)
    └── 风控引擎 SDK(v1.3.5)           # 恶意代码载体
        └── 被篡改的 riskcheck.dll    # 携带合法数字签名但含
                                        后门
        └── 恶意 C2 通信模块
```

（2）攻击技术剖析。

1）代码注入手法：

▶ 利用 DLL 劫持技术加载恶意组件

▶ 在 DllMain 中植入反射型注入代码

2）隐蔽通信特征：

```c
// 恶意代码片段（C 语言）
void C2_Communication() {
        char host[] = {0x68,0x74,0x74,0x70,0x73,0x3A,0x2F,0x2F,0x72,0x61,0x77,0x2E,0x67,0x69,0x74,0x68,0x75,0x62...}; // 解密后为 C2 地址
        SSL_CTX_set_cipher_list(ctx, "RC4-SHA"); // 使用非标加密套件
}
```

（3）反推时间线，攻击时间点记录见表 9.15。

表 9.15 攻击时间点记录

时间节点	事件	关联证据
2023-08-10	风控 SDK 更新至 v1.3.5	开发者账号异常登录记录
2023-08-25	首次异常外连	流量日志匹配 C2 指纹
2023-09-30	数据泄露高峰	与暗网数据出售时间吻合

（4）归因分析。

1）工具链特征：

▶ 使用 Fobber 混淆框架（特定 APT 组织标志）。

▶ C2 证书与某黑客论坛泄露样本一致。

2）攻击动机：窃取数据后在暗网以 0.3BTC/ 万条进行交易。

3. 整改措施

（1）建立软件物料清单 (software bill of materials，SBOM)，所有组件需提供源代码来源证明和构建环境哈希值。

（2）部署 DeepSeek 软件供应链监控系统。

真正的安全不是禁止所有行为，而是清楚每一个行为的来龙去脉。从键

盘敲击到云端访问，每一个数字脚印都能被赋予安全的意义。在 DeepSeek 的守护下，无论是内部人员的越权操作，还是外部攻击的蛛丝马迹，都能被实时捕捉并进行智能分析。企业将不再为"谁动了我的数据"而困扰。

9.3 隐私合规方案

在数据驱动时代，隐私合规已从"法律要求"升级为"商业核心竞争力"。全球范围内，GDPR、CCPA（California consumer privacy act，《加州消费者隐私法案》）、《中华人民共和国个人信息保护法》等法规已经形成严密的监管网络。如果发生个人隐私泄露，企业面临的不仅是罚款风险，更是用户信任的崩塌。DeepSeek 隐私合规方案通过"AI 驱动的自动化合规引擎"，将烦琐的法律条文转化为可执行的技术策略，帮助企业实现从被动应对到主动治理的跨越。

9.3.1　GDPR 法规自动适配

GDPR 是欧盟于 2018 年 5 月 25 日生效的综合性数据隐私法规，适用于所有处理欧盟公民个人数据的组织，无论其所在地域。

GDPR 的核心原则包括：

- 数据最小化（仅收集必要数据）。
- 用户权利保障（如访问权、删除权、可携带权）。
- 强制数据泄露通知（72 小时内报告）。
- 高额罚款（最高可达全球营收的 4% 或 2000 万欧元）。

在国内，近年来也陆续出台了关于个人信息保护的法律，包括：

- 2017 年 6 月:《中华人民共和国网络安全法》(CLPRC)。
- 2021 年 9 月:《中华人民共和国数据安全法》。
- 2021 年 11 月:《中华人民共和国个人信息保护法》(PIPL)。
- 2023 年 9 月:《网络数据安全管理条例》(NDSMR)。
- 2025 年 3 月:《个人信息保护合规审计管理办法》(PIPCAM)。

例如，《中华人民共和国个人信息保护法》规定，处理不满十四周岁未成年人的个人信息时，必须取得其父母或其他监护人的同意。该条款旨在加强对未成年人敏感信息的特殊保护，避免未成年人因判断能力不足导致个人信息被滥用。

本节主要针对 GDPR 法规的自动适配进行讲解，方式、方法也适用于其他同类法规。

示例 1：拍照翻译 App 的隐私弹窗优化（GDPR 第 7 条）

1. 背景与挑战

小明在欧洲旅游时，用某翻译 App 拍摄菜单进行翻译时，突然弹出长达 5 页的全英文隐私条款，要求同意"位置共享""照片存储"等 10 多项权限，小明直接点击"全部拒绝"从而导致功能无法使用。

2. DeepSeek 解决方案

（1）智能弹窗变身。

1）看图说话式提示：

```
[相机图标] 需要访问您的相机：
✓ 仅用于即时翻译（照片不保存）
[地图图标] 需要您的位置：
✓ 只为推荐附近餐厅（可随时关闭）
[大大的绿色"同意"按钮]
```

2）语言自动切换：识别手机系统语言显示对应版本（支持 24 种欧盟语言）。

（2）三步同意管理。

```
journey
    title 小白用户操作流程
    第一步：拍菜单 → 弹窗显示"需要用相机哦"
    第二步：点击问号 → 播放 30 秒动画解释用途
    第三步：滑动按钮 → "好的，仅本次使用"
```

（3）后台自动化合规。

1）每次同意自动记录：

```
- 时间
- 同意的具体内容
- 用户 IP（脱敏处理）
```

2）不同意也能使用基础功能（如手动输入文字翻译）。

3. 执行结果

▶ 用户满意度从 3.2 分提升到 4.8 分（5 分制）。

▶ 合规同意率从 35% 提升到 89%。

▶ 再没有被欧盟罚款。

示例 2：旅行 App 的自动化 DSAR 响应（GDPR 第 15~20 条）

1. 背景与挑战

某国际旅行 App（用户量超 5000 万）面临的问题是每月收到超 3000 条 DSAR(data subject access request，数据主体访问请求)请求（访问、删除、携带），人工处理的痛点在于：

▶ 数据分散在 12 个系统（如预订、支付、客服等）。

▶ 平均处理成本 35 欧元 / 请求。

▶ 8% 的请求超过 30 天法定时限（面临累计罚款风险）。

2. DeepSeek 解决方案

（1）移动端自助门户。

1）身份核验三重验证：

```
sequenceDiagram
    用户→App：提交 DSAR 请求
    App→活体检测：眨眼 / 摇头验证
    活体检测→身份库：比对证件照
    身份库→App：返回验证结果
```

2）进度可视化。分阶段用户通知见表 9.16。

表 9.16　分阶段用户通知

阶　　段	用户通知内容
已受理	"我们正在收集您的数据"
处理中（50%）	"已找到机票订单，正在检索酒店"
完成	"可下载 ZIP 包（有效期 7 天）"

（2）后台数据处理引擎。

1）多系统扫描协议（Python）：

```python
def locate_user_data(user_id):
    for system in [CRM, 支付, 客服工单]:
        if system == "客服工单":
            # 擦除他人信息
            data = apply_redaction(system.query(user_id)) 自动
        else:
            data = system.export(user_id)
    return compile_zip(data)
```

2）删除链：

▶ 主数据库标记删除。

▶ 同步触发第三方删除（如 Expedia 等合作商 API）。

▶ 备份系统设置自动清理定时器。

（3）异常请求识别。防御恶意批量请求（SQL）：

```sql
SELECT user_id, COUNT(*)
FROM dsar_requests
GROUP BY user_id
HAVING COUNT(*) > 5   # 触发人工审核
```

3. 实施效果

（1）效率提升：

▶ 平均处理时间从 120 小时降至 4 小时。

▶ 成本从 35 欧元/请求降至 0.8 欧元/请求。

（2）合规收益：

▶ 2023 年全年 0 超期。

▶ 获欧盟"数据主权最佳实践"奖。

示例 3：健康监测 App 的跨境数据合规（GDPR 第 44~49 条）

1. 背景与挑战

某心率/血压监测 App（欧盟用户超 800 万）需要将健康数据传输至中国 AI 分析服务器，面临以下问题。

▶ 法国 CNIL（commission nationale de l'informatique et des libertes，国家信息与自由委员会）要求健康数据本地化。

▶ 中国《个人信息出境标准合同办法》备案要求。

▶ 用户端实时分析延迟需小于 1 秒。

2. DeepSeek 解决方案

（1）智能数据路由。

1）边缘计算架构：

A［欧盟用户设备］→│原始数据│ B［法兰克福边缘节点］
B →│脱敏特征值│ C［上海中心服务器］
C →│分析模型│ D［预测结果］
D → B → A

2）数据类型合规判断见表 9.17。

表 9.17　数据类型合规判断

数 据 内 容	处 理 位 置	法 律 依 据
实时心率波形	欧盟本地	GDPR 第 9 条 + 法国《公共卫生法》
聚合健康趋势分析	中国（已签 SCC）	PIPL 第 38 条

（2）合规自动化。

1）SCC（strongly connected components，强连通分量）生成器自动填充：

数据传输方 / 接收方信息
– 加密标准（TLS 1.3+ 国密 SM2）
– 争议解决条款（欧盟法院管辖）
– 用户授权时动态嵌入（缩短至 3 页关键内容）

2）双重备案：

▶ 自动生成中国《出境自评估报告》。

▶ 同步准备欧盟 DPA（data processing agreement，数据处理协议）问答模板。

（3）性能优化。数据传递性能优化表见表 9.18。

表 9.18　数据传递性能优化表

方　　案	平均延迟/秒	合　规　性
全部传给中国	1.8	违规
全部本地处理	0.3	模型精度下降 40%
DeepSeek 边缘路由	0.7	完全合规

3. 实施效果

（1）商业价值：

▶ 用户留存提升 17%（因响应速度）。

▶ 分析准确率保持 98% 以上。

（2）合规成就：

▶ 成为首款通过中欧双认证的健康监测 App。

▶ 被引为 EDPB（European Data Protection Board，欧洲数据保护委员会）跨境传输示范案例。

当 GDPR 合规成为流畅的自动化流程时，企业一方面能够规避天价罚款，另一方面又能凭借隐私保护赢得市场信任。这正是 DeepSeek 助力客户实现的数字化治理跃迁。

9.3.2　个人信息模糊处理

个人隐私数据就像"数字身份证"，一旦泄露就可能引发诈骗、骚扰甚至人身安全风险。传统的打码、脱敏方式犹如"手工裁缝"，不仅效率低下，而且容易出错。而 DeepSeek 加持的个人信息自动模糊化处理方案，通过 AI 实时识别、动态脱敏、场景化保护等技术，为数据穿上智能"隐身衣"。这使得敏感信息在展示时自动戴上面具，在使用时精准还原，实现了"可用不可见"的隐私保护新范式。

示例 1：外卖平台骑手轨迹保护系统

1. 问题痛点

▶ 用户可查看骑手完整历史轨迹，通过常去地点推断家庭住址。

▶ 骑手投诉"每天被陌生顾客电话骚扰"。

2. DeepSeek 技术实现

（1）时空模糊算法（Python）。

```
def blur_trajectory(points):
    if 订单状态 == "配送中":
        return 高斯模糊(points, 500m)  # 显示大致范围
    else:
        return 路径抽象化(points, ["途经××路", "经过yy商场"])
# 替换为地标描述
```

(2)动态水印叠加。

▶ 实时位置截图自动添加:"仅限本次订单使用"+当前时间。

▶ 截屏检测:连续3次截屏触发模糊度升级。

3. 实施效果

信息自动模糊效果对比见表9.19。

表9.19 信息自动模糊效果对比

指 标	改 进 前	改 进 后
骑手骚扰投诉	每月32起	0起
用户差评率	5.2%	2.1%
数据处理延迟	手动1小时/单	自动50毫秒/单

示例2:二手交易平台实名认证脱敏

1. 问题痛点

▶ 用户手动PS身份证易留死角(如忘记隐藏二维码)。

▶ 平台无法验证脱敏后的证件真实性。

2. DeepSeek技术实现

(1)4层脱敏引擎。

```
A[上传原件] → B[AI检测]
B → C[文本识别]
B → D[人脸区域定位]
C → E[保留姓名首字+*]
C → F[隐藏8位身份证号]
D → G[添加动态马赛克]
E & F & G → H[生成带时间戳的脱敏图]
```

(2)可验证水印技术。

▶ 平台后台可通过密钥验证:①原始证件是否真实;②脱敏操作是否合规。

▶ 用户端显示"已通过平台实名认证+部分信息隐藏"。

3. 操作流程

- 卖家点击"生成认证图"。
- 自动完成：证件真伪检测 → 智能脱敏 → 添加浮动水印。
- 买家查看时显示"该认证图有效期至 2023-12-15"。

4. 平台收益

- 虚假交易下降 68%。
- 用户认证通过率提升至 99.7%。

示例 3：网约车虚拟号码中心

1. 问题痛点

- 司机的手机中存有上千个真实用户号码。
- 乘客遭遇"订单结束后的推销电话"。

2. DeepSeek 技术实现

（1）通信中继架构。

```
sequenceDiagram
    乘客→虚拟号码池：发起叫车（真实号188****1234）
    虚拟号码池→司机：分配临时号 171-8888-6666
    司机→虚拟号码池：拨打 6666
    虚拟号码池→乘客：转接至 188****1234
    订单结束→虚拟号码池：释放号码
```

（2）智能风控策略。

- 异常通话检测，如深夜高频呼叫。
- 虚拟号自动回收规则见表 9.20。

表 9.20 虚拟号自动回收规则

场　　景	回收时间
正常订单	2 小时后
差评/投诉订单	立即回收
高频呼叫	触发人工审核

3. 运营数据

- 号码资源利用率提升 3 倍（轮转使用）。
- 乘客骚扰投诉下降至 0.3%。

▶ 通话中转延迟小于 0.5 秒。

DeepSeek 的自动模糊处理技术，正在重新定义隐私与便利的边界。当每一张图片、每一个号码、每一条轨迹都能自主选择"隐身模式"，数字经济才真正步入文明时代。这正是 DeepSeek 解决方案的终极目标。

真正的隐私合规不是束缚创新的枷锁，而是推动技术向善的指南针。当隐私保护与技术创新能够共振时，企业便能在合规框架下释放更大的商业价值。这种平衡带来的不仅是规避罚款的风险管控，更是用户"用数据投票"的深度信任，成为数字经济时代最稀缺的竞争壁垒。

练习题

1. 在职场中的办公应用软件中，以下（　　）对接了 DeepSeek API，支持自动加密。

    A. 企业微信　　　B. WPS Office　　　C. Microsoft Office　　　D. FoxMail

2. 关于文档权限的分级管理，用户在使用（　　）时感受最明显。

    A. 百度网盘　　　　　　　B. 腾讯文档

    C. 腾讯云相册　　　　　　D. 企业合同

3. DeepSeek 的异常操作预警，主要建立在对现有数据的（　　）上。

    A. 行为基线建模　　　　　B. 实时风险评分

    C. 攻击溯源　　　　　　　D. 智能拦截

4. 通用数据保护条例是指（　　），是欧盟于 2018 年 5 月 25 日生效的综合性数据隐私法规。

    A. GDPR　　　　B. PIPCAM　　　　C. NDSMR　　　　D. CLPRC

5. 根据《中华人民共和国个人信息保护法》，处理不满十四周岁未成年人的个人信息时，应当取得（　　）的同意。

    A. 未成年人本人　　　　　B. 未成年人的父母或其他监护人

    C. 未成年人所在学校　　　D. 无须取得同意

参考答案：

1. ABD　　2. BC　　3. ABD　　4. A　　5. B

后记　AI 与职场办公的未来展望

随着技术的进步，职场办公正朝着智能化、自动化、数据驱动和人机协同的方向发展。AI 技术的快速引入，将彻底改变传统办公模式，帮助企业和个人突破现有瓶颈，开启高效办公的新时代。

1. 智能化：从工具到伙伴

传统的办公工具，如文档编辑器、表格软件和演示工具，虽然功能强大，但始终停留在"工具"层面，需要人工操作和干预。而 AI 技术的引入，使得这些工具逐渐具备了"智能化"的能力。AI 不仅可以理解人类的语言和意图，还能根据上下文自动完成任务。例如，AI 可以根据用户的需求自动生成文档、优化表格数据、设计演示文稿，甚至提供创意建议。这种智能化转变，使得办公工具从被动的"工具"升级为主动的"伙伴"，极大地提升了工作效率。

2. 自动化：解放人力，聚焦高价值任务

自动化是 AI 技术最显著的优势之一。通过 AI，许多重复性、低价值的任务可以实现自动化处理，如数据录入、文档整理、邮件分类等。这不仅减少了人为错误，还解放了员工的时间，使他们能够专注于更具创造性和战略性的工作。对于企业而言，自动化意味着更高的运营效率和更低的人力成本；对于员工而言，自动化则意味着更多的职业发展机会和更高的工作满意度。

3. 数据驱动：从经验决策到科学决策

在传统办公模式中，许多决策依赖于经验和直觉，缺乏数据支持。而 AI 技术的引入，使得办公决策逐渐向数据驱动转变。AI 可以通过分析海量数据，发现隐藏的规律和趋势，为决策提供科学依据。无论是市场策略的制定、资源的分配，还是风险的管理，AI 都能通过数据分析和预测，帮助企业作出更精准、更高效的决策。

4. 人机协同：AI 与人类的完美合作

AI 并不是要取代人类，而是与人类形成协同关系。在人机协同的模式下，AI 负责处理烦琐、复杂的任务，而人类则专注于需要创造力、情感和战略思维的工作。例如，在会议管理中，AI 可以自动生成会议议程、记录会议纪要，而人类则专注于讨论和决策；在文档创作中，AI 可以提供初稿和建议，而人类则负责优化和完善。这种人机协同的模式，不仅提高了工作效率，还充分发挥了人类的独特优势。

5. 个性化办公：AI 赋能每个人

AI 技术的另一个重要特点是其个性化办公能力。通过分析用户的工作习惯和偏好，AI 可以为每个人提供定制化的办公体验。例如，AI 可以根据用户的工作内容自动推荐相关文档、优化工作流程，甚至提供个性化的学习建议。这种个性化办公模式，不仅提高了工作效率，还增强了员工的工作体验和满意度。

6. 跨平台整合：打破信息孤岛

在传统办公模式中，不同部门和团队往往使用不同的工具和平台，导致信息孤岛现象严重。而 AI 技术可以通过跨平台整合，打破信息孤岛，实现数据的无缝流动和共享。例如，AI 可以将邮件、文档、表格、项目管理工具等整合到一个统一的平台中，员工不需要切换工具就可以完成所有工作。这种跨平台整合，不仅提高了协作效率，还减少了信息传递中的错误和延误。

7. 持续学习与优化：AI 的自我进化

AI 技术的一个重要特点是其持续学习能力。通过机器学习算法，AI 可以不断从数据中学习，优化自身的性能和功能。例如，AI 可以根据用户的反馈自动调整文档生成的风格，或者根据历史数据优化会议安排的建议。这种持续学习与优化的能力，使得 AI 工具能够不断适应企业和个人的需求，提供越来越高效的服务。

随着 AI 技术的引入，职场办公正在经历一场深刻的变革。对于企业而言，AI 不仅能够提升运营效率、降低人力成本，还能优化决策流程、增强竞争力；对于个人而言，AI 不仅能够解放创造力、提升工作效率，还能提供个性化的办公体验和职业发展机会。未来，AI 将成为职场中不可或缺的智能助手，帮助企业和个人突破现有瓶颈，开启高效办公的新时代。